ANÁLISIS DE SISTEMAS DINÁMICOS CON APLICACIONES

JULIO CESAR ROMERO PABON

ANÁLISIS DE SISTEMAS DINÁMICOS CON APLICACIONES

JULIO CESAR ROMERO PABON

Primera edición

Editorial

PROLOGO

Este libro es el resultado del trabajo como docente universitario y de investigación sobre los sistemas dinámicos y sus aplicaciones, dichos conocimientos se han impartidos en cursos de matemáticas, física, ingeniería o cualquier otra disciplina que requiera del uso o aplicación de las matemáticas. La realización de este proyecto tuvo como propósito seleccionar algunos temas fundamentales para la enseñanza de sistemas dinámicos usando los conceptos formales de matemáticas y su programación, con el objeto de analizar el comportamiento de cualquier sistema que se esté estudiando.

El libro fue diseñado para que el lector comprenda y aplique los temas fundamentales de los sistemas dinámicos, como son el uso de las ecuaciones diferenciales y las ecuaciones en diferencias. La obra presenta muchos problemas de aplicación resueltos y programados en Matlab, ademas se explica paso a paso como modelar un problema de aplicación de un sistema dinámico en simulink, la cual es una herramienta de trabajo que permite incorporar algoritmos en Matlab su plataforma gráfica con el fin de modelar y exportar los resultados de la simulación al workspace de Matlab para su analisis o exportación de datos.

El Autor.

INTRODUCCIÓN

El propósito de este libro es introducir las herramientas matemáticas que se utilizan para modelar y analizar la evolución de sistemas que varían en el tiempo. En otras palabras, se persigue entregar un conjunto de conocimientos que permitan al lector desenvolverse con soltura al analizar problemas donde interviene una cantidad de variables y donde la trayectoría a través del tiempo de dichas variables constituyen un punto focal para su análisis.

Debido a que las matemáticas constituyen un lenguaje por medio del cual se analizan los fenómenos dinámicos, y que por lo tanto exige práctica para comunicarse de manera fluida a través del él, se ha decidido abordar lo anterior a través de múltiples ejemplos, principalmente de aplicación, que se desarrollan en cada capítulo, y de problemas propuestos relacionados que persiguen forzar al lector a enfrentarse al problema de comunicación. En este sentido, los problemas propuestos al final de cada capítulo son parte fundamental.

Se debe destacar que una modelació dinámica se puede plantear en téminos de tiempo discreto o continuo. El tiempo es obviamente una variable contina. Sin embargo, en muchas ocasiones los cambios en las distintas variables ocurren solo una vez durante un período (por ejemplo, los sueldos podrían reajustarse solo una vez cada seis meses). En este caso se habla de tiempo discreto. En general, y dependiendo del problema, es labor del analista la desición de trabajar con un modelo de tiempo discreto o continuo.

La parte de las matemáticas que generalmente se usa para analizar problemas dinámicos es la teoría de ecuaciones diferenciales y de ecuaciones diferenciales, dependiendo de si se trabaja en tiempo continuo o discreto, esto es lo que permite identificar a un sistema dinámico. Muchas veces la investigación de un determinado fenómeno requiere que se analice simultáneamente todo su entorno, lo cual obliga a trabajar con muchas variables a la vez. Es esta la característica de multivariable los que hace recomendable el estudio y uso de teoría de matrices. Asi mismo, frecuentemente los modelos dinámicos se utilizan para describir y luego controlar los distintos sistemas. Es un relación con este último punto que se hace recomendable cierta familiaridad con la teoría de control óptimo y la técnica de programación dinámica.

Esta obra contiene se diseño con cuatro unidades estrategicas: la primera describe lo que es son sistemas dinámicos uniecuacionales, donde interesa la evolución de una variable a través del tiempo. En la segunda parte se estudian ecuaciones en diferencias y su comparación con las ecuaciones diferenciales. En la capitulo tres se analizan problemas de aplicación y simulación usando ecuaciones diferenciales y en diferencias, mientras que en la cuarta unidad se estudian problema con sistemas de ecuaciones diferenciales y en diferencias.

TABLA DE CONTENIDO

CAPÍTULO I.
INTRODUCCION A LOS MODELOS DINÁMICOS UNIVARIABLES

El objetivo principal de esta sección en la obra es presentar una metodología para representar y analizar sistemas dinámicos uniecuacionales. Para lograr dicho objetivo se trabajará con sistemas planteados tantp en el tiempo discreto como en el timpo continuo. En el primer caso, el instrumento matemático que se desarrollarrá es el de ecuaciones de diferncias, mientras que en el segundo habrá que estudiar el tema de ecuaciones diferenciales.

En este primer capítulo se introducen algunos modelos simples que tratan de desarrollar la capacidad de planteamiento del problema, que tiene que ver con cómo se representa la realiadad en términos de ecuaciones; de solución del problema y de análisis de la solución, típicamente en términos de tasas de crecimiento, equilibrio y estabilidad.

1.1 CRECIMIENTO GEOMÉTRICO Y CRECIMIENTO EXPONENCIAL

1.1.1 Tiempo discreto

De los modelos dinámicos en tiempo discreto, uno de los más clásico es el modelo de crecimiento geométrico. El supuesto básico es que el valor de una variable en un período determinado, o período k, es decir igual al valor de dicha variable en el período anterior multiplicado por un factor a. este fenómeno dinámico podría describirse matemáticamente como:

$$X(k + 1) = a\,X(k)$$

Esto significa que:

$$X(1) = a\,X(0)$$

$$X(2) = a\,X(1) = a^2\,X(0)$$

$$X(3) = a\,X(2) = a^3\,X(0)$$

Y en general

$$X(k) = a^k\,X(0)$$

Ejemplo: 1.

Una situación típica donde se aplicaría el modelo de crecimiento geométrico anterior es cuando se deposita un monto $X(0)$ en un banco a una tasa de interés constante e igual a r, durante varios períodos. En este caso, el saldo en la cuenta en los distintos períodos seguiría la relación:

$$X(k+1) = (1+r)\,X(k)$$

Y la soluciónn sería:

$$X(k) = (1+r)^k \, X(0)$$

Ejemplo 2.

El modelo anterior también se aplica cuando, por ejemplo, se sabe que la población de un país se duplica cada 20 años y se desea determinar el tiempo que demoraría en quintuplicarse. En este caso, si se supone que la tasa de crecimiento anual de la población a es constante, se tiene que:

$$X(k+1) = (1+a)\,X(k)$$

Y que

$$X(20) = 2\,X(0)$$

De aquí se desprende que:

$$X(20) = (1+a)^{20}\,X(0)$$

$$2\,X(0) = (1+a)^{20}\,X(0)$$

$$2 = (1+a)^{20}$$

$$\sqrt[20]{2} - 1 = a$$

$$a = 0{,}03526$$

Con lo que debe ser igual a 0.03526. una vez obtenida la tasa anual de crecimiento, se debe encontrar k tal que:

$$X(k) = (1+a)^k \, X(0) = (1+0.03526)^k \, X(0) = 1.03526^k \, X(0) = 5 \, X(0)$$

Al despejar se obtiene que el tiempo que demorará la población en quintuplicarse es de aproximadamente 46,4 años.

$$1.03526^k \, X(0) = 5 \, X(0)$$

$$1.03526^k = 5$$

$$\ln\left(1.03526^k\right) = \ln(5)$$

$$k = \frac{\ln(5)}{\ln(1.03526)} = 46{,}4$$

1.1.2 Tiempo continuo

En tiempo continuo, el modelo de crecimiento exponencial es análogo al modelo de crecimiento geométrico recien visto. Lo que se postula es que el cambio experimentado por una variable X por unidad de tiempo es proporcional al valor de dicha variable. En términos matemáticos, esto quiere decir que

$$\frac{dX(t)}{dt} = a\, X(t)$$

Donde $\dfrac{dX(t)}{dt}$ es la derivada de $X(t)$ respecto al tiempo.

La solución de la ecuación diferencial es:

$$\frac{dX(t)}{dt} = a\, X(t)$$

$$\int \frac{dX(t)}{X(t)} = \int a\, dt$$

$$X(t) = c\, e^{a\,t}$$

Como cuando $t = 0$

$$X(0) = c\, e^{a\,0} = c$$

Por lo tanto, la solución queda

$$X(t) = X(0)e^{a\,t}$$

Ejemplo 3.

Suponga que la población de un país crece a una tasa anual de 5% a partir de una población inicial de 1 millón de personas, entonces al cabo de 4 años habría un total de personas igual a:

$$X(t) = X(0)e^{a\,t}$$

$$X(4) = 1.000.000\, e^{(5\%)(4)} = 1.000.000\, e^{0,2} = 1.221.403$$

Esta respuesta difiere de aquella que se derivaría de trabajar en tiempo discreto donde $X(4)$ sería igual a:

$$X(k) = (1 + r)^k\, X(0)$$

$$X(4) = (1 + 5\%)^4\, 1.000.000$$

$$X(4) = (1 + 0.05)^4\, 1.000.000$$

$$X(4) = 1.215.506$$

La razón para esta diferencia es que el modelo discreto supone que el crecimiento ocurre una vez al año, mientras que el modelo continuo supone que esto ocurre en forma continua y permanente.

Ejemplo 4.

El ejemplo siguiente sirve para clasificar el punto anterior. Suponga que usted deposita $ 1.000 dólares en un banco al 12% anual. Si los intereses se calculan una vez al año, usted obviamente tendría $ 1.120 al cabo de un año.

El problema es determinar cuánta plata tendría usted en el banco si los intereses se calculan cada 6 meses. Por ejemplo, en este caso, en el segundo semestre no solo habrá que calcular el interés sobre el monto inicial de $ 1.000, que sería de $60, al igual que en el primer semestre, sino que además habrá que calcular el interés sobre los $ 60 obtenidos en el primer semestre. Dicho de otra forma, la tasa de interés semestral es 12%/2 = 6%. Sin embargo, al capitalizarse los intereses, al cabo de un año usted tendría

$$X(2) = 1.000 \, (1 + 0.06)^2 = 1.123,6$$

En términos generales, si los intereses se calculan n veces por año, al cabo de un año usted tendría:

$$1.000\left(1 + \frac{0,12}{n}\right)^n$$

El cuadro siguiente muestra lo que ocurriría con su depósito al cabo de un año para distintos valores de n. Se puede ver que, si el interés se calcula en forma continua, usted tendría $ 1.127,50 al cabo de un año, este valor corresponde a:

$$\lim_{n\to\infty}\left(1.000\left(1 + \frac{0,12}{n}\right)^n\right) = 1.000 \, e^{0,12\,t}$$

Según datos mundiales la población de Colombia durante el periodo 2000-2021 aumentó de 39.63 millones a 51,52 millones. Esto representa un aumento del **130.89 por ciento en 21 años**.

Tabla 1. Desarrollo demográfico en Colombia en el período de 2000 – 2021

Año	Población en Colombia (En Millones)
2000	39,63
2001	40,26
2002	40,88
2003	41,48
2004	42,08
2005	42,65
2006	43,2

2007	43,74
2008	44,25
2009	44,75
2010	45,22
2011	45,66
2012	46,08
2013	46,5
2014	46,97
2015	47,12
2016	47,63
2017	48,35
2018	49,28
2019	50,19
2020	50,93
2021	51,52

La ecuación estimada fue

$$\ln(X(t)) = 0{,}0117\, t - 19.6246535$$

$$X(t) = e^{0,0117\, t - 19.6246535} = C e^{0.0117\, t}$$

La cual se desprende del modelo

$$\frac{d(X(t))}{dt} = 0{,}0117$$

Cuya solución es:

$$X(t) = A\, e^{0,0117\, t}$$

Se puede observar que la tasa de crecimiento es continua, con lo cual, se puede estimar el tamaño de la población para los años siguientes.

1.2 CRECIMIENTO CON ENTRADAS Y SALIDAS

1.2.1 Tiempo discreto

Los modelos anteriores pueden ser modificaos para incorporar la posibilidad de entradas o salidas al sistema [1]. Para ello se verá., en primer lugar, el sistema dinámico en tiempo discreto con entrada constante así:

$$X(k+1) = a\, X(k) + b$$

Claramente, si b es igual cero, no habría diferencia con el modelo de crecimiento geométrico anterior. Sin embargo, el caso más general es cuando b, llamado entrada del sistema, es distinto de cero. Este sería el caso, por ejemplo, de un modelo de población que incluyera inmigraciones o emigraciones. La evolución de este sistema puede describirse de la siguiente forma:

$$X(1) = a\,X(0) + b$$

$$X(2) = a\,X(1) + b = a^2\,X(0) + ab + b$$

$$X(3) = a\,X(2) + b = a^3\,X(0) + a^2 b + ab + b$$

Y en general

$$X(k) = a^k\,X(0) + a^{k-1}b + a^{k-2}b + \dots + ab + b$$

$$X(k) = a^k\,X(0) + \left(a^{k-1} + a^{k-2} + \dots + a + 1\right) b$$

Ahora bien, si a es igual 1, es claro que

$$X(k) = a^k X(0) + k\,b$$

Un ejemplo de esa situación podría ser el de una cuenta corriente, cuyo saldo solo depende d los abonos o giros que se realicen, b.

Si a es distinto de 1, la expresión

$$a^{k-1} + a^{k-2} + \dots + a + 1$$

Es igual a

$$a^{k-1} + a^{k-2} + \dots + a + 1 = \frac{(1-a)\left(a^{k-1} + a^{k-2} + \dots + a + 1\right)}{1-a}$$

$$= \frac{\left(a^{k-1} + a^{k-2} + \dots + a + 1\right) - \left(a^k + a^{k-1} + \dots + a^2 + a\right)}{1-a} = \frac{1 - a^k}{1-a}$$

Así la solución general al sistema $\ X(k+1) = a^k\,X(k) + b\ $ sería:

$$X(k) = \begin{cases} X(0) + kb & si \ \ a = 1 \\ a^k\,X(0) + \dfrac{1 - a^k}{1-a}\,b & si \ \ a \neq 1 \end{cases}$$

1.2.2 Entrada de variables en tiempo discretos

En los ejemplos anteriores se ha supuesto que la entrada es constante todos los periodos. A continuación, se muestran algunos ejemplos, tanto en tiempo discreto como continuo, donde la entrada depende del periodo que se trate.

Ejemplo 5. Suponga que un padre de familia acaba de depositarle a su hijo de 6 años, que estuvo de cumpleaños ayer 6000 dólares en una cuenta de ahorros al 8% anual. Asimismo, prometido depositarle todos los años el día después de su cumpleaños un monto de 1.000 dólares por el número de años que haya cumplido.

Si se define $X(k)$ como el monto en la cuenta de ahorro de hijo, en k ésimo cumpleaños el hijo tendrá:

$$X(k + 1) = (X(k) + 1.000\ K)\ 1.08 = 1.08\ X(k) + 1.080\ K$$

Ejemplo 6. La ecuación $X'(t) = 8\ X(t) + 5\ t^2$ es una ecuación que tiene entradas variables.

1.3 ECUACIÓN EN DIFERENCIAS

Los problemas que impliquen soluciones discretas en un sistema dinámico tienen la característica de ser todos expresables como ecuaciones de diferencias de primer orden, donde el orden es simplemente la diferencia entre el índice más alto y bajo de la ecuación. Ejemplo:

- La ecuación $X(k + 2) = X(k + 1) + X(k) + 3$ es de segundo orden y su ecuación continua sería $X'' = X' + X + 3$
- La ecuación $X(k + 3) = -2\ X(k + 2) + 5\ X(k)$ es de tercer orden y su ecuación continua sería $X''' = -2X'' + 5X$

Una característica común a todas las ecuaciones de diferencias es que cada una de ellas representa en sí misma a varias, y a veces infinitas, ecuaciones. Ejemplo:

$X(k + 1) = 2\ X(k) =$

Esto significa que:

$X(1) = 2\ X(0)$

$X(2) = 2\ X(1)$

$X(3) = 2\ X(2)$

$\vdots$

En general, aunque no siempre, es posible obtener la secuencia de valores $X(0),\ X(1), X(2)$. Una vez definido el o los valores iniciales se pueden encontrar los otros valores. Es decir que se puede resolver correctamente cualquier ecuación en diferencias de orden n si se especifica los valores iniciales.

1.4 TEOREMA DE EXISTENCIA Y UNICIDAD EN TIEMPO DISCRETO

Supongas la ecuación:

$$X(k+n) + f[X(k+n-1), X(k+n-2), \ldots X(k), k] = 0$$

Donde f es una función real valorada, definida sobre una secuencia finita o infinita de valores de $k(k = k_0, k_0 + 1, \ldots)$ la ecuación tiene una y solo una solución correspondiente a cada especificación arbitraria de los n valores iniciales.

$$X(k_0), X(k_0 + 1), X(k_0 + 2), \ldots X(k_0 + n - 1),$$

La solución será siempre una secuencia de números reales.

Ejemplo 7. El sistema dinámico de un cuerpo que se deja caer está modelado por:

$$\frac{dv}{dt} = g - \frac{c}{m}v$$

Velocidad modelada en tiempo continúo:

$$v(t) = \frac{g\,m}{c}\left(1 - e^{-\left(\frac{c}{m}\right)t}\right)$$

Velocidad modelada en tiempo discreto:

$$v(t_{k+1}) = v(t_k) + \left[g - \frac{c}{m}v(t_k)\right](t_{k+1} - t_k)$$

Ejemplo 8. Modele el siguiente problema: Un cuerpo de masa con una de 58 kg se lanza de una desde un puente. Calcular la velocidad en el intervalo de 0 a 7 segundos con un salto en el tiempo de 0.2, considere que el coeficiente de resistencia es igual a 12.5 kg/s.

Solución: Información del problema.

➢ Tiempo inicial: t0 = 0
➢ Tiempo final: tf = 7
➢ Salto o incremento del tiempo: dt = 0,2
➢ Gravedad: g = 9.8
➢ Coeficiente de rozamiento: c= 12,5
➢ Masa del cuerpo: 58

Tabla 2. Velocidad medida en tiempo continuo y discreto de la caída de un cuerpo.

Tiempo (t)	Velocidad: v(t), en tiempo continuo	Velocidad: v(t), en tiempo discreto
0	0	0
0,2	1,918359053	1,96
0,4	3,755786952	3,83731211
0,6	5,515697995	5,635424741
0,8	7,20136244	7,357679138
1	8,815912582	9,007275584
1,2	10,36234857	10,58727935
1,4	11,84354398	12,1006264
1,6	13,26225116	13,55012881
1,8	14,62110635	14,93848005
2	15,92263457	16,26825995
2,2	17,16925431	17,5419395
2,4	18,36328203	18,76188543
2,6	19,50693646	19,93036466
2,8	20,60234275	21,04954843
3	21,65153637	22,12151641
3,2	22,65646692	23,14826054
3,4	23,61900176	24,13168869
3,6	24,54092948	25,07362827
3,8	25,42396318	25,97582958
4	26,26974373	26,8399691
4,2	27,07984274	27,66765256
4,4	27,85576553	28,46041796
4,6	28,59895393	29,21973841
4,8	29,31078892	29,94702488
5	29,99259323	30,6436288
5,2	30,64563379	31,31084461
5,4	31,27112406	31,94991212
5,6	31,87022634	32,56201884
5,8	32,44405388	33,14830219
6	32,99367295	33,70985159
6,2	33,52010485	34,24771052
6,4	34,02432781	34,76287841
6,6	34,50727876	35,25631256
6,8	34,96985512	35,72892985
7	35,41291645	36,18160851

1.4.1 Matriz de transición en la cadena de Markov

Es el arreglo numérico donde cada elemento de la matriz indica las probabilidades de un estado a otro. Está matriz se caracteriza por ser cuadrada donde las filas y columnas representan los estados que tiene el sistema. La matriz debe cumplir con ciertos requisitos:

➤ La sumaria de las probabilidades en cada fila de los estados debe ser igual a 1.

➤ La matriz de transición debe ser cuadrada y las probabilidades de transición deben estar entre 0 y 1.

Matriz de transición:

Matriz Transición	Trans. 1	Trans. 2	Trans. 3	Suma probabilidades
Trans. 1	p_{11}	p_{12}	p_{13}	1
Trans. 2	p_{21}	p_{22}	p_{23}	1
Trans. 3	p_{31}	p_{32}	p_{33}	1

Matriz de estado:

Matriz de Estado	Estado 1	Estado 2	Estado 3	Suma probabilidades
	p_{e1}	p_{e2}	p_{e3}	1

Ejemplo 9. El pronóstico del tiempo es un proceso Markoviamo, ya que el estado del tiempo sólo depende del día anterior. Si se tiene una cadena de Markov con dos estados, en donde el estado 1 es E1 = Día nublado N, y el estado dos o E2 = Día soleado S. La matriz de transición es:

	N	S
N	1/2	1/2
S	1/3	2/3

es decir, $T = \begin{pmatrix} \frac{1}{2} & \frac{1}{2} \\ \frac{1}{3} & \frac{2}{3} \end{pmatrix}$. Iniciando a partir del día actual, se tiene que: $P^{(0)} = \left(p_1^{(0)} \ p_2^{(0)} \right) = (1 \ 0)$. Si hoy está nublado, dentro de tres días, se tiene que

$$P^{(3)} = P^{(0)}T^{(3)} = (1 \ 0)\begin{pmatrix} \frac{1}{2} & \frac{1}{2} \\ \frac{1}{3} & \frac{2}{3} \end{pmatrix}^3 = (1 \ 0)\begin{pmatrix} \frac{29}{72} & \frac{43}{72} \\ \frac{43}{108} & \frac{65}{108} \end{pmatrix} = \left(\frac{29}{72} \ \frac{43}{72} \right) = (0.403 \ 0.597)$$

Así, la probabilidad de que haya un día nublado en el tercer día es $p_1^{(3)} = \frac{29}{72}$, y que sea soleado es $p_2^{(3)} = \frac{43}{72}$

Ejemplo 10. Una fábrica está analizando los cambios en las preferencias de los usuarios en la compra de tres marcas distintas de un determinado producto. Un estudio realizado sobre esta situación ha arrojado la siguiente información con base en sus estimaciones.

	Marca 1	Marca 2	Marca 3
Marca 1	0.8	0.1	0.1
Marca 2	0.03	0.95	0.02
Marca 3	0.20	0.05	0.75

Si se desea cambiar de una marca a otra cada mes, y si en la actualidad la participación de mercado es de 45%, 25% y 30%, respectivamente. ¿Cuáles serán las participaciones de mercado de cada marca en uno, dos y tres meses?

Solución:

En primer lugar, definimos la variable aleatoria X{n} que representa la marca que adquiere un cliente cualquiera en el mes n. Dicha variable aleatoria puede adoptar los valores 1,2,3 en el mes n = 0, 1, 2, 3.

Para n=0

$$X^{(0)} = (0.45 \ 0.25 \ 0.30)$$

Para n=1

$$X^{(1)} = X^{(0)}M^{(1)} = (0.45 \ 0.25 \ 0.30)\begin{pmatrix} 0.8 & 0.1 & 0.1 \\ 0.03 & 0.95 & 0.02 \\ 0.2 & 0.05 & 0.75 \end{pmatrix}^1 = (0.45 \ 0.25 \ 0.30)\begin{pmatrix} 0.8 & 0.1 & 0.1 \\ 0.03 & 0.95 & 0.02 \\ 0.2 & 0.05 & 0.75 \end{pmatrix}$$

$$= (0.4275 \ 0.2975 \ 0.275)$$

Para n=2

$$X^{(2)} = X^{(0)}M^{(2)} = (0.45 \ 0.25 \ 0.30)\begin{pmatrix} 0.8 & 0.1 & 0.1 \\ 0.03 & 0.95 & 0.02 \\ 0.2 & 0.05 & 0.75 \end{pmatrix}^2 = (0.45 \ 0.25 \ 0.30)\begin{pmatrix} 0.663 & 0.18 & 0.157 \\ 0.0565 & 0.9065 & 0.037 \\ 0.3115 & 0.105 & 0.5835 \end{pmatrix}$$

$$= (0.405925 \ 0.339125 \ 0.25495)$$

Para n=3

$$X^{(3)} = X^{(0)}M^{(3)} = (0.45 \ 0.25 \ 0.30)\begin{pmatrix} 0.8 & 0.1 & 0.1 \\ 0.03 & 0.95 & 0.02 \\ 0.2 & 0.05 & 0.75 \end{pmatrix}^3 = (0.45 \ 0.25 \ 0.30)\begin{pmatrix} 0.5672 & 0.24515 & 0.18765 \\ 0.079795 & 0.868675 & 0.05153 \\ 0.36905 & 0.160075 & 0.470875 \end{pmatrix}$$

$$= (0.38590375 \ 0.37550875 \ 0.2385875)$$

TALLER 1. PROBLEMAS DE APLICAICONES DE SISTEMAS DINÁMICOS

1. La población de un país se duplica en 30 años y la tasa de crecimiento anual es constante. Determinar: a) en cuanto tiempo se triplicará, b) en cuanto tiempo se quintuplicaría.

2. Una piscina con 10.000 litros de agua se le abre la llave para dejar salir el agua, ¿En cuánto tiempo tendrá la piscina 4.000 litros, si por hora, se desagua el 5%?

3. Un cuerpo de masa con una de 70 kg se lanza de una desde un puente. Calcular la velocidad hasta 12 segundos con incrementos en el tiempo de 0.1, 0.2, 0.5. Considere que el coeficiente de resistencia es igual a 12.5 kg/s.

4. Un banco presta al 10% de interés anual. ¿Cuánto tendrá que depositar todos los años para tener $1.000 dólares en el banco? ¿Cuánto tendrá al final de 10 años, si parte en el año cero (0) con un depósito inicial de $50 dólares)?

5. En una nación hay tres partidos políticos, [L=liberales, C=Conservadores y S=socialistas], Si en la actualidad están en el poder los Conservadores, cual es la probabilidad que los liberales lleguen al poder las próximas elecciones, que los socialistas lleguen al poder en las cuatro próximas elecciones. La matriz de transición es:

$$T = \begin{pmatrix} \frac{1}{4} & \frac{1}{2} & \frac{1}{4} \\ \frac{1}{2} & \frac{1}{4} & \frac{1}{4} \\ \frac{1}{4} & \frac{1}{4} & \frac{1}{2} \end{pmatrix}$$

6. En Colombia se contaba en agosto de 2008 con una población de 37.500.000 de personas y una tasa de crecimiento de 2% anual. Suponiendo que la tasa de crecimiento se mantiene constante, calcule el número de habitantes para los años: a) 2012 y b) 2018.

7. Construya la matriz de transición para el siguiente sistema dinámico, si el vector de estado inicial es: [0 0 0 1/2 0 2/3], encuentre el estado cuando el sistema este en los siguientes periodos (2, 3, 5, 10)

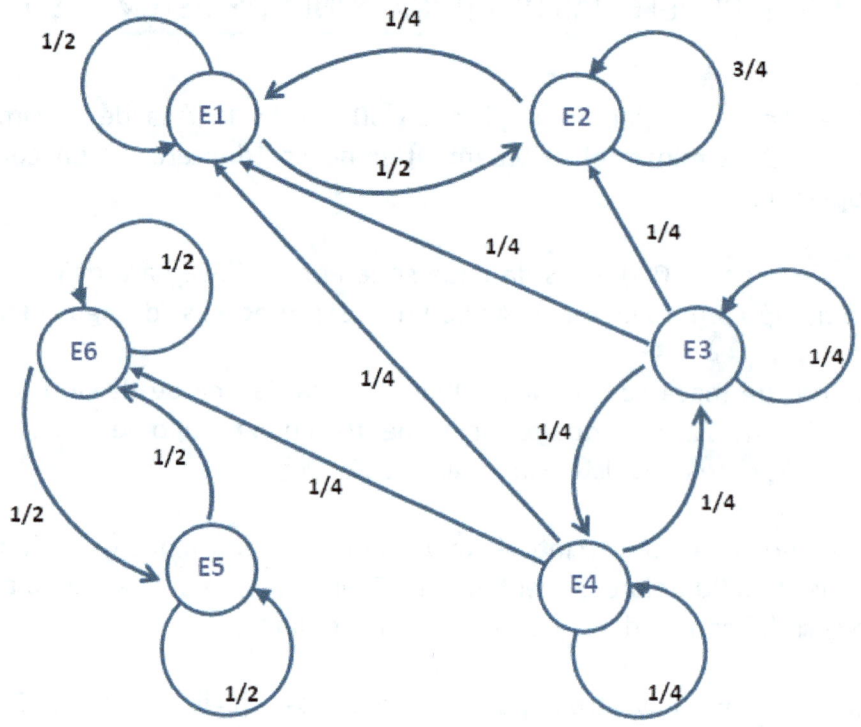

8. Una empresa adquiere un préstamo para capital de trabajo por 12.000.000 a un banco y se compromete a devolverlo en 6 cuotas mensuales de 2.142.360 cada una. Mostrar en una tabla el pago del capital y del interés por mes.

9. El monto acumulado al final de cuatro meses en u préstamo con un interés simple del 14.4% semestral es de $87.680. ¿Cuál es fue el valor del préstamo?

10. En un fondo de amortización que reconoce el 1.2% mensual, un cliente se compromete a aportar $200.000 de su salario al final de cada mes, calcule el valor acumulado en: a) un año b) tres años y medio.

11. Se deposita una cantidad de $300.000 en una cuenta de ahorro y al cabo de 5 meses se han acumulado $210.000. Hallar la tasa de interés que paga la entidad financiera. ¿Cuánto tiempo debe transcurrir para que el capital se triplique?

12. En un principio, un cultivo al inicio tiene Po cantidad de bacterias. En hora se determina que el número de bacterias es 3/2 Po. Si la rapidez de crecimiento es directamente proporcional al número de bacterias presentes, estime el tiempo para que el número de bacterias se triplique.

13. En un agujero de forma circular de área A_o, ubicado en el fondo de un tanque, sale agua. Pero la fricción y la contracción de la corriente en el agujero, hace que el flujo de agua se reduzca cada segundo a $c\,A_o\sqrt{2\,g\,h}$, donde $0 < c < 1$. Encontrar la ecuación diferencial que exprese la altura del agua en cualquier momento, ver el tanque cúbico de

la siguiente figura. El radio del agujero es de 2 pulgadas (recuerde que g=32 pies/seg^2). haga la simulación para los tiempos: 25 segundos con incrementos en el tiempo de 0.1, 0.2, 0.5.

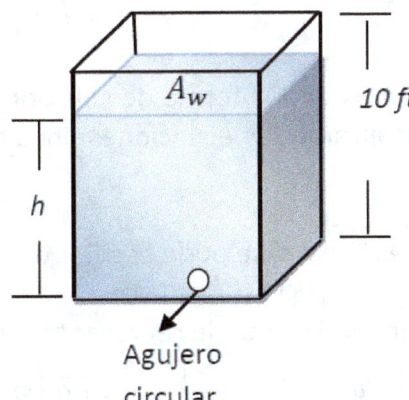

Agujero
circular

14. Un tarro de crema, inicialmente a 25 °C, se va a enfriar colocándolo en el pórtico donde la temperatura es de 0 °C. Suponga que la temperatura de la crema ha descendido a 15 °C después de 20 min. ¿Cuándo estará a 5 °C? haga la simulación para los tiempos: 20 minutos con incrementos en el tiempo de 0.1, 0.2, 0.5.

15. Cuando un pastel es retirado del horno está a 210 °F y al dejarlo enfriar en una habitación, que está a 70 °F por 30 min. La temperatura del pastel llega a 140 °F. ¿Cuándo estará a 100 °F? haga la simulación para los tiempos: 30 minutos con incrementos en el tiempo de 0.1, 0.2, 0.5.

16. Suponga $X(k+2) + k\,X(k+1)^2 + k^2 X(k) = 3^k$
    i. ¿Cuál es el orden de la ecuación?
    ii. Si $X(0) = 1$, $X(1) = 2$ y $X(3) = -1$ encuentre a) $X(6)$, $X(10)$

17. Suponga la ecuación diferencial $X'(t) = a\,X(t) + b$ grafique la solución de dicha ecuación para los siguientes casos:
    i. a = 0.2; b= -4; X (0) =20
    ii. a = -0.2; b= 5; X (0) =28
    iii. a = 0; b= -4; X (0) =100

CAPÍTULO II.
ECUACIONES EN DIFERENCIA Y DIFERENCIALES

En este capítulo, haremos énfasis en la forma de solucionar las ecuciones de diferencias y diferenciales. Primero se analizaran las ecuaciones lineales, para luego continuar con las no lineales.

Una ecuación de diferncias es lineal si se pude escribir de la forma:

$X(k + n) + a_{n-1} X(k + n - 1) + ... + a_0(k) X(k) = g(k)$

Una ecuación diferncial es lineal si se puede representar de la forma:

$$\frac{d^n X(t)}{dt^n} + a_{n-1}(t) \frac{d^{n-1} X(t)}{dt^{n-1}} + ... + a_0(t) \, X(t) = g(t)$$

Si $g(k)$ o $g(t)$ es igual a cero, se dice que la ecuación es homogénea. Si $a_0(t) = cte$ para todo i, se habla de coefiecientes constantes [2].

2.1 ECUACIÓN LINEAL HOMOGENEA DE COEFICIENTES CONSTANTES EN DIFERENCIA O TIEMPO DISCRETO

Si $X_1(k)$ con $k = 0, 1, 2, 3,...$ es solución de una ecuación diferencial, también lo es la secuencia de números:

$X_2(k) = c \, X_1(k)$ con $k = 0, 1, 2, 3,...$

La razón para esta afirmación es que si $X_1(k)$ es solución, entonces por definición de solución tiene que ser cierto que:

$X_1(k + n) + a_{n-1} X_1(k + n - 1) + ... + a_0(k) X_1(k) = 0$

Si se multiplica esta ecuación por c, se llega a

$$c \, X_1(k + n) + c \, a_{n-1} X_1(k + n - 1) + ... + c \, a_0 X_1(k) = 0$$

Ejemplo 11. Solucionar la ecuación diferencial

$X(k + 1) = 2 \, X(k)$

Solución:

$X(1) = 2 \, X(0)$

$X(2) = 2 \, X(1) = 2^2 X(0)$

$X(3) = 2 \, X(2) = 2^3 X(0)$

$\vdots$

$X(k) = 2\,X(k-1) = 2^{\,k}X(0)$

Si $X(0) = 1$ la solución es:

$X(k) = 2^{\,k}$

Prueba:

Como $\qquad X(k+1) = 2^{\,k+1} = 2\,2^{\,k} = 2\,X(k)$

Ahora bien, un resultado importante es que para toda ecuación homogénea

$X(k+n) + a_{n-1}\,X(k+n-1) + \ldots + a_0(k)\,X(k) = 0$

Existe una solución del tipo:

$X(k) = \lambda^k$

Para algún valor de λ.

Si λ^k es solución, quiere decir que

$X(k) = \lambda^{k+n} + a_{n-1}\,\lambda^{k+n-1} + \ldots + a_0\,\lambda^k = 0$

Al multiplica por λ^{-k} ambos lados de la ecuación, se tiene que

$\lambda^n + a_{n-1}\,\lambda^{n-1} + \ldots + a_0 = 0$

La cual es la ecuación característica de la ecuación de diferencias homogénea especificada anteriormente.

Para que la secuencia $X(k) = \lambda^k$ sea solución, es necesario que λ satisfaga la ecuación característica. Como está es una ecuación de grado n, debe tener n raíces que pueden ser reales o complejas e iguales o distintas entre sí.

Si λ_i es una raíz de ecuación característica, entonces la secuencia: $c_i\,\lambda_i^k$ satisface la ecuación de diferencias originales, con lo cual es solución.

Ejemplo 12. Solucionar la ecuación de diferencias

$X(k+2) = 6\,X(k+1) - 8X(k)$

Solución:

$X(k+2) - 6\,X(k+1) + 8X(k) = 0$

La ecuación característica es:

$\lambda^2 - 6\,\lambda + 8 = 0$

De aquí que

$(\lambda - 4)(\lambda - 2) = 0$

De donde se obtiene que:

$\lambda_1 = 2$ y $\lambda_2 = 4$

Luego la solución general es:

$X(k) = c_1 \lambda_1^K + c_2 \lambda_2^K$

$X(k) = c_1 2^k + c_2 4^k$

Si se conocen los valores de $X(0)$ y $X(1)$ (condiciones iniciales), se puede determinar c_1 y c_2. Por ejemplo, si $X(0) = 2$ y $X(1) = 3$, esto implicaría que:

$X(0) = c_1 2^0 + c_2 4^0$

De donde se obtiene que:

$$c_1 + c_2 = 2 \quad \text{(Ec. 1)}$$

Y

$X(1) = c_1 2^1 + c_2 4^1$

$$2 c_1 + 4 c_2 = 3 \quad \text{(Ec. 2)}$$

Solucionando el sistema

$$\begin{cases} c_1 + c_2 = 2 & (1) \\ 2 c_1 + 4 c_2 = 3 & (2) \end{cases}$$

Se tiene que $c_1 = \dfrac{5}{2} \quad c_2 = -\dfrac{1}{2}$

Luego la solución particular es:

$X(k) = \dfrac{5}{2} 2^k - \dfrac{1}{2} 4^k$

Como esta ecuación satisface tanto la ecuación de diferencias como las condiciones iniciales, debe ser cierto que es la única solución al sistema completo. Ello, por cuanto en este caso se aplica el teorema de existencia y unicidad presentado en el capítulo I.

En general, en una ecuación de orden n, si las raíces de la ecuación característica son distintas, entonces las n soluciones generadas. $\lambda_1^k, \lambda_2^k, \lambda_3^k, \ldots \lambda_n^k$.

Son linealmente independientes, con lo cual pueden ser usadas para generar todas las soluciones a la ecuación de diferencias homogénea. Dicho de otra forma, si las n raíces de la ecuación característica son distintas, entonces toda solución a la ecuación de diferencias pude expresarse como:

$X(k) = c_1 \lambda_1^k + c_2 \lambda_2^k + c_3 \lambda_3^k + \ldots + c_n \lambda_n^k$

2.1.1 Cálculo de los números de Fibonacci

Se aplicará el método de las diferencias para encontrar los números de Fibonacci. El siguiente ejemplo muestra como es el procedimiento.

Ejemplo 13. Solucionar la ecuación de diferencias:

$$X(k+2) = X(k+1) + X(k) \quad \text{con} \quad X(0) = 0 \quad \text{y} \quad X(1) = 1$$

Esta es la ecuación de los números de Fibonacci.

Solución:

$X(k+2) - X(k+1) - X(k) = 0$

La ecuación característica es:

$\lambda^2 - \lambda - 1 = 0$

De aquí que

$$\lambda = \frac{-b \pm \sqrt{b^2 - 4ac}}{2a} = \frac{-(-1) \pm \sqrt{(-1)^2 - 4(1)(-1)}}{2(1)} = \frac{1 \pm \sqrt{5}}{2}$$

De donde se obtiene que:

$$\lambda_1 = \frac{1 + \sqrt{5}}{2} \quad \text{y} \quad \lambda_2 = \frac{1 - \sqrt{5}}{2}$$

Luego la solución general es:

$X(k) = c_1 \lambda_1^K + c_2 \lambda_2^K$

$X(k) = c_1 \left(\frac{1 + \sqrt{5}}{2}\right)^k + c_2 \left(\frac{1 - 5}{2}\right)^k$

Aplicando las condiciones iniciales $X(0) = 0$ y $X(1) = 1$ se tiene que

$$c_1 = \frac{1}{\sqrt{5}} \quad \text{y} \quad c_2 = -\frac{1}{\sqrt{5}}$$

Luego la solución partícula es:

$X(k) = \frac{1}{\sqrt{5}} \left(\frac{1 + \sqrt{5}}{2}\right)^k - \frac{1}{\sqrt{5}} \left(\frac{1 - \sqrt{5}}{2}\right)^k$

De la solución anterior se obtienen los números de **Fibonacci**. Es interesante analizar que si $k \to \infty$ entonces $X(k) = \frac{1}{\sqrt{5}} \left(\frac{1 + \sqrt{5}}{2}\right)^k$.

Esto significa que la tasa de crecimiento de la secuencia es igual a $\dfrac{X(k+1)}{X(k)} - 1$, $(\lambda^1 - 1) = 0.618$. La tabla siguiente ilustra el comportamiento de los números de Fibonacci o $X(k) = \dfrac{1}{\sqrt{5}}\left(\dfrac{1+\sqrt{5}}{2}\right)^k - \dfrac{1}{\sqrt{5}}\left(\dfrac{1-\sqrt{5}}{2}\right)^k$ para k de 1 a 51.

Tabla 3. Secuencia de los números de Fibonacci

k	Números de Fibonacci $X(k)$	$\dfrac{X(k+1)}{X(k)}$	k	Números de Fibonacci $X(k)$	$\dfrac{X(k+1)}{X(k)}$
0	0		26	121393	1,61803399
1	1		27	196418	1,61803399
2	1	1	28	317811	1,61803399
3	2	2	29	514229	1,61803399
4	3	1,5	30	832040	1,61803399
5	5	1,66666667	31	1346269	1,61803399
6	8	1,6	32	2178309	1,61803399
7	13	1,625	33	3524578	1,61803399
8	21	1,61538462	34	5702887	1,61803399
9	34	1,61904762	35	9227465	1,61803399
10	55	1,61764706	36	14930352	1,61803399
11	89	1,61818182	37	24157817	1,61803399
12	144	1,61797753	38	39088169	1,61803399
13	233	1,61805556	39	63245986	1,61803399
14	377	1,61802575	40	102334155	1,61803399
15	610	1,61803714	41	165580141	1,61803399
16	987	1,61803279	42	267914296	1,61803399
17	1597	1,61803445	43	433494437	1,61803399
18	2584	1,61803381	44	701408733	1,61803399
19	4181	1,61803406	45	1134903170	1,61803399
20	6765	1,61803396	46	1836311903	1,61803399
21	10946	1,618034	47	2971215073	1,61803399
22	17711	1,61803399	48	4807526976	1,61803399
23	28657	1,61803399	49	7778742049	1,61803399
24	46368	1,61803399	50	12586269025	1,61803399
25	75025	1,61803399	51	20365011074	1,61803399

Ejemplo 14. Solucionar la ecuación de diferencias

$$X(k + 2) + X(k) = 0 \qquad \text{con} \qquad X(0) = X(1) = 1$$

Solución:

La ecuación característica es:

$$\lambda^2 + 1 = 0$$

De aquí que

$$\lambda = \frac{-b \pm \sqrt{b^2 - 4ac}}{2a} = \frac{-(0) \pm \sqrt{(0)^2 - 4(1)(1)}}{2(1)} = \frac{0 \pm \sqrt{-4}}{2} = \pm i$$

En este caso, las raíces son complejas. De donde se obtiene que:

$$\lambda_1 = i \quad \text{y} \quad \lambda_2 = -i$$

Luego la solución general es:

$$X(k) = c_1 \lambda_1^K + c_2 \lambda_2^K$$

$$X(k) = c_1 (i)^k + c_2 (-i)^k$$

Aplicando las condiciones iniciales $X(0) = 1$ y $X(1) = 1$ se tiene que

$$c_1 = \frac{1}{2} - \frac{i}{2} \quad \text{y} \quad c_2 = \frac{1}{2} + \frac{i}{2}$$

Luego la solución partícula es:

$$X(k) = \left(\frac{1}{2} - \frac{i}{2}\right)(i)^k + \left(\frac{1}{2} + \frac{i}{2}\right)(-i)^k$$

Aunque parezca extraño, esta ecuación será real para cualquier valor de k. Esta solución se puede expresar en términos de senos y cosenos.

$$X(k) = c_1 (i)^k + c_2 (-i)^k$$

$$C = 0 \pm i$$

Magnitud del complejo: $\quad Z = R \pm I i \qquad |Z| = \sqrt{R^2 + I^2}$

$$|Z| = \sqrt{(0)^2 + (1)^2} = \sqrt{0 + 1} = 1$$

El ángulo de desfase es:

$$\tan\theta = \frac{1}{0} = \infty$$

$$\tan\theta = \infty \text{ de aquí que} \qquad \theta = \frac{\pi}{2}$$

Luego la solución se puede expresar como

$$X(k) = |Z|^k (c_1 \cos(\theta\, k) + c_2 \operatorname{sen}(\theta\, k))$$

$$X(k) = 1^k \left(c_1 \cos\left(\frac{\pi}{2} k\right) + c_2 \operatorname{sen}\left(\frac{\pi}{2} k\right)\right) = c_1 \cos\left(\frac{\pi}{2} k\right) + c_2 \operatorname{sen}\left(\frac{\pi}{2} k\right)$$

Ejemplo 15. Solucionar la ecuación de diferencias

$$X(k+2) - 6\ X(k+1) + 9\ X(k) = 0$$

Solución:

La ecuación característica es:

$$\lambda^2 - 6\lambda + 9 = 0$$

De aquí que

$$\lambda = \frac{-b \pm \sqrt{b^2 - 4ac}}{2a} = \frac{-(-6) \pm \sqrt{(-6)^2 - 4(1)(9)}}{2(1)} = \frac{6 \pm \sqrt{0}}{2} = 3$$

En este caso, las raíces son complejas. De donde se obtiene que:

$$\lambda_1 = 3 \quad \text{y} \quad \lambda_2 = 3$$

Luego la solución general es:

$$X(k) = c_1\, \lambda_1^K + c_2\, K\, \lambda_2^K$$

$$X(k) = c_1\, (3)^k + c_2\, k\, (3)^k$$

2.2 ECUACIÓN LINEAL NO HOMOGENEA DE COEFICIENTES CONSTANTES EN DIFERENCIA O TIEMPO DISCRETO

Una ecuación de diferncias es lineal no homogenea es la que se pude escribir de la forma:

$X(k+n) + a_{n-1} X(k+n-1) + ... + a_0(k) X(k) = g(k)$

Con $g(k) \neq 0$

El conjunto de todas las soluciones a esta ecuación es:

$X(k) = X_h(k) + X_p(k)$

Donde $X_h(k)$ es la solución homogénea de la ecuación y $X_p(k)$ es la solución particular.

Ejemplo 16. Solucionar la ecuación de diferencias

$$X(k+1) = a\ X(k) + b \quad \text{con} \quad X(0) = X_0$$

Solución:

La solución homogénea:

$X(k+1) = a\ X(k)$

De aquí que

$X_h(k) = c\ a^k$

La solución particular,

$$X(k+1) = a\ X(k) + b$$

Hacemos:

$X_p(k) = A$

Sustituyendo se tiene

$X(k+1) = A$

$$X(k+1) = a\ X(k) + b = a\ A + b$$

$$A = a\ A + b$$

$$A - a\ A = b$$

$$A = \frac{b}{1-a}$$

Luego la solución general de la ecuación en diferencia es:

$X(k) = X_h(k) + X_p(k)$

$$X(k) = c\ a^k + \frac{b}{1-a}$$

Aplicando la condición inicial $X(0) = X_0$

$$X(0) = c\ a^0 + \frac{b}{1-a}$$

$$X_0 = c\ + \frac{b}{1-a}$$

De donde se obtiene que:

$$c = X_0 - \frac{b}{1-a}$$

Lo que implica que la solución particular sea

$$X(k) = c\ a^k + \frac{b}{1-a}$$

$$X(k) = \left(X_0 - \frac{b}{1-a}\right) a^k + \frac{b}{1-a}$$

Ejemplo 17. Solucionar la ecuación de diferencias

$$X(k+1) = a\ X(k) + k$$

Solución:

La solución homogénea:

$$X(k+1) = a\ X(k)$$

De aquí que

$$X_h(k) = c\ a^k$$

La solución particular,

$$X(k+1) = a\ X(k) + k$$

Hacemos:

$$X_p(k) = A\ k + B$$

Sustituyendo se tiene

$$X(k+1) = A\ (k+1) + B$$

$$X(k+1) = a\ X(k) + k = a\ (A\ k + B) + k$$

Igualando

$$A\ (k+1) + B = a\ (A\ k + B) + k$$

$A\,k + A + B = a\ A\,k + a\,B + k$

Ordenando por familia

$A\,k - a\ A\,k - k + A + B - a\,B = 0$

Factorizando

$(A - a\ A - 1)k + (A + B - a\,B) = 0$

Igualando coeficientes

$$A - a\ A - 1 = 0 \quad \text{(ec. 1)}$$

$$A + B - a\,B = 0 \quad \text{(ec. 2)}$$

Resolviendo el sistema de ecuaciones para A y B

$$A = \frac{1}{1-a} \quad \text{y} \quad B = \frac{-1}{(1-a)^2}$$

Luego la solución particular no queda

$$X_p(k) = A\,k + B = \left(\frac{1}{1-a}\right)k - \frac{1}{(1-a)^2}$$

Por último, tenemos la solución general de la ecuación por diferencia

$$X(k) = X_h(k) + X_p(k)$$

$$X(k) = c\ a^k + \left(\frac{1}{1-a}\right)k - \frac{1}{(1-a)^2}$$

A continuación, se presenta un cuadro para ayudarnos a escoger la solución particular:

$g(k)$	Hacer solución particular o $X_p(k)$
$b\,a^k$	$A\,a^k$
$sen(bk)$ o $cos(bk)$	$A\,sen(bk) + B\,cos(bk)$
$b\,k^n$	$A_0 + A_1\,k + A_2\,k^2 + \dots A_n\,k^n$
$b\,k^n\,a^k$	$\left(A_0 + A_1\,k + A_2\,k^2 + \dots A_n\,k^n\right) a^k$
$a^k\,sen(bk)$ o $a^k cos(bk)$	$(A\,sen(bk) + B\,cos(bk))\ a^k$

Ejemplo 18. Solucionar la ecuación de diferencias

$$X(k + 2) - 4(k + 1) + 4\,X(k) = 3k + 2^k$$

Solución:

La solución homogénea:

$$X(k + 2) + 4(k + 1) + 4\,X(k) = 0$$

De aquí que

$$\lambda^2 + 4\,\lambda + 4 = 0$$

$$\lambda_1 = \lambda_2 = -2$$

$$X_h(k) = c_1\,\lambda_1^k + c_2\,\lambda_2^k$$

$$X_h(k) = c_1\,(-2)^k + c_2\,k\,(-2)^k$$

La solución particular,

$$X_p(k) = A_0 + A_1\,k + A\;2^k$$

Hacemos:

$$X(k + 2) = A_0 + A_1\,(k + 2) + A\;2^{k+2}$$

$$X(k + 1) = A_0 + A_1\,(k + 1) + A\;2^{k+1}$$

Sustituyendo en la EDO

$$X(k + 2) + 4\,X(k + 1) + 4\,X(k) = 3k + 2^k$$

$$A_0 + A_1\,(k + 2) + A\;2^{k+2} + 4\left(A_0 + A_1\,(k + 1) + A\;2^{k+1}\right) + 4\left(A_0 + A_1\,k + A\;2^k\right) = 3k + 2^k$$

$$A_0 + A_1\,k + 2A_1 + 4\,A\;2^k + 4A_0 + 4\,A_1 k + 4\,A_1 + 8\,A\,2^k + 4\,A_0 + 4\,A_1\,k + 4\,A\,2^k = 3k + 2^k$$

Ordenando por familia:

$$9\,A_1\,k + 16\,A\;2^k + 9A_0 + 6A_1 = 3k + 2^k$$

$$X(k + 2) + 4\,X(k + 1) + 4\,X(k) = \left(A_0 - 2A_1\right) + A_1\,k + 8\,A\,2^k = 0 + 3\,k + 2^k$$

Esto implica que

$$9\,A_0 + 6\,A_1 = 0$$

$$9A_1 = 3$$

$$16\,A = 1$$

Resolviendo se obtiene que

$$A = \frac{1}{16} \quad A_0 = -\frac{2}{9} \quad \text{y} \quad A_1 = \frac{1}{3}$$

Sustituyendo en la solución particular tenemos

$$X_p(k) = A_0 + A_1\, k + A\, 2^k = -\frac{2}{9} + \frac{1}{3}k + \frac{1}{16}2^k$$

Por último, tenemos la solución general de la ecuación por diferencia

$X(k) = X_h(k) + X_p(k)$

$X(k) = c_1\,(-2)^k + c_2\,k\,(-2)^k - \frac{2}{9} + \frac{1}{3}k + \frac{1}{16}2^k$

2.3 ECUACIÓN DIFERENCIAL LINEAL HOMOGENEA DE COEFICIENTES CONSTANTES EN TIEMPO CONTINUO

2.3.1 Conceptos básicos

2.3.1.1 Problemas de valor inicial y de valor en la frontera

Problemas con valores iníciales: Para una ecuación diferencial general de orden *n*, un problema de valores iníciales es.

Resolver:

$$a_n \frac{d^n y}{dx^n} + a_{n-1} \frac{d^{n-1}}{dx^{n-1}} + \ldots + a_1 \frac{dy}{dx} + a_0 y = g(x)$$

Sujeta a: $\qquad y(x_0) = y_0, y'(x_0) = y1, \ldots, y^{(n-1)} x_0 = y_{n-1}$ $\qquad$ ***(1)***

Recuérdese que, para un problema como este, se busca una función definida en algún intervalo I que contenga a x_o y que satisfaga la ecuación diferencial y las n condiciones iníciales especificadas en

$$x_o = y_0, y'(x_0) = y_{1,\ldots,} \; y^{(n-1)} \; (x_0) = y_{n-1}.$$

Ya vimos que en el caso de un problema de valores iníciales de segundo orden, una curva de solución debe pasar por el punto (x_0, y_0) y tener la pendiente y_1 en ese punto [3].

Teorema de Existencia de una solución única

Sean $a_n, a_{n-1}, \ldots, a_1$ y $g(x)$ funciones continuas en un intervalo *I*, y sea $a_n \neq 0$ para toda x del intervalo. Si $x = x_0$ es cualquier punto en el intervalo, existe una solución en dicho intervalo $y(x)$ del problema de valores iníciales presentado por la ecuación (1) que es única.

PROBLEMA DE VALOR EN LA FRONTERA

otro tipo de problemas es resolver una ecuación diferencial lineal de segundo orden mayor en la que la variable dependiente y. o sus derivadas estén especificadas en puntos distintos. Un problema como

Resolver: $\qquad a_2 \frac{d^2 y}{dx^2} + a_1 \frac{dy}{dx} + a_0 y = g(x)$

Sujeta a: $y(a) = y_0, \; y(b) = y_1$

Se llama problema de valores en la frontera. Los valores necesarios, $y(a) = y_0$ y $y(b) = y_1$ se denominan condiciones en la frontera. Se tiene una solución del problema cuando se obtenga una función que satisface la ecuación diferencial en algún intervalo I y que contenga a a y b, cuya grafica pase por los dos puntos (a, y_0) y (b, y_1).

Para una ecuación diferencial de segundo orden se tienen otras condiciones en la frontera podrían que pueden ser

$$Y'(a) = y_0, \ y(b) = y_1$$
$$Y(a) = y_0, \ y'^{(b)} = y_1$$
$$Y'(a) = y_0, \ y'(b) = y_1$$

En donde y_0 y y_1 representan constantes arbitrarias. Estos tres pares de condiciones solo son casos especiales de las condiciones generales de la frontera:

$$\alpha_1 \, y \, (a) + \ \beta_1 y'^{(a)} = y_1$$
$$\alpha_2 \, y \, (b) + \ \beta_2 y'^{(b)} = y_2$$

Los ejemplos q siguen demuestran que aun cuando se satisfagan las condiciones del teorema 1, un problema de valor en la frontera puede tener:

i)   Varias soluciones

ii) Solución única

iii) Ninguna solución

2.3.1.2 Ecuaciones homogéneas

Una ecuación lineal de orden n de la forma

$$a_n \frac{d^n y}{dx^n} + a_{n-1} \frac{d^{n-1} y}{dx^{n-1}} + \ ... + a_1 \frac{dy}{dx} + a_0 \, y = 0 \tag{2}$$

Se llama homogénea, mientras que una ecuación:

$$a_n \frac{d^n y}{dx^n} + a_{n-1} \frac{d^{n-1} y}{dx^{n-1}} + \ ... + a_1 \frac{dy}{dx} + a_0 y = g(x) \tag{3}$$

Donde $g(x) \neq 0$, se llama **no homogénea**; por ejemplo, $5y'' + 8y' - 5y = 0$ es una ecuación diferencial de segundo orden, lineal y homogénea, mientras que $xy''' + 7y' + 2y = sen(x)$ es una ecuación diferencial de tercer orden, lineal y no homogénea. En este contexto, la palabra homogénea no indica que los coeficientes sean funciones homogéneas, como sucedía en la sección de ecuaciones diferenciales de primer orden homogéneas. Para resolver una ecuación lineal no homogénea como la (3), en primera instancia debemos poder resolver la ecuación homogénea asociada (2).

2.3.2 Ecuaciones lineales homogéneas con coeficientes constantes

Hemos visto que la ecuación lineal de primer orden, $\dfrac{dx}{dy} + uy = 0$, donde a es una constante, tiene la solución exponencial $y = c_1 e^{-ax}$ en el intervalo $(-\infty, \infty)$; por consiguiente, lo más natural es comprobar si existen soluciones de tipo exponencial en $(-\infty, \infty)$ de las ecuaciones diferenciales lineales homogéneas de orden superior del tipo

$$a_n y^{(n)} + a_{n-1} y^{(n-1)} \ldots + a_2 y'' + a_1 y' + a_0 y = 0, \tag{4}$$

En donde los coeficientes $a_i, i = 0, 1, \ldots\ldots n$ son constantes reales y $a_n \neq 0.$ para nuestra sorpresa, todas las soluciones de la ecuación (4) son funciones exponenciales o están formadas a partir de funciones exponenciales [4].

Método de Solución: Se analizará primero el siguiente caso de la ecuación de segundo orden

$$ay'' + by' + cy = 0 \tag{5}$$

Si probamos con una solución de la forma $y = e^{mx}$, entonces $y' = me^{mx}$ y $y'' = m^2 e^{mx}$ de modo que la ecuación (2) se transforma en

$a\,m^2 e^{mx} + b\,me^{mx} + ce^{mx} = 0 \ \ o \ sea \ \ e^{mx}(am^2 + bm + c) = 0.$

Como el factor e^{mx} es diferente de cero para cualquier x real, la forma en que la función exponencial satisfaga la ecuación diferencial es escogiendo un m tal que es una raíz de la ecuación cuadrática

$$am^2 + bm + c = 0 \tag{6}$$

Esta ecuación se llama ecuación auxiliar o ecuación característica de la ecuación diferencial (5). Examinaremos tres casos: las soluciones de la ecuación auxiliar que corresponde a raíces reales distintas, raíces e iguales y raíces complejas conjugadas.

CASO I: Raíces Reales distintas si la ecuación (3) tiene dos raíces reales distintas, m_1 y m_2, llegamos a dos soluciones, $y_1 = e^{m_1 x}$ y $y_2 = e^{m_2 x}$, estas funciones son linealmente independientes en $(-\infty, \infty)$ y, en consecuencia, forman un conjunto fundamental. Entonces, la solución general de la ecuación (5) en ese intervalo es

$$y = c_1\, e^{m_1 x} + c_2\, e^{m_2 x} \tag{7}$$

CASO II: Raíces reales e iguales: Si $m_1 = m_2$ se llega a una solución exponencial, $y_1 = e^{m_1 x}$.

Que, según la fórmula cuadrática, $m_1 = -\dfrac{b}{2a}$ que es la única forma de que

$m_1 = m_2$ ya que $b^2 - 4ac = 0$. asi, por lo argumentado en la sección 4.2, una segunda solución de la ecuación es:

$$y_2 = e^{m_1 x} \int \frac{e^{2m_1 x}}{e^{2m_1 x}} dx = e^{m_1 x} \int dx = x e^{m_1 x}$$

(8)

En esta ecuación aprovechamos que $-\dfrac{b}{a} = 2m_1$. La solución general es, en consecuencia,

$$y = c_1 \, e^{m_1 x} + c_2 \, x \, e^{m_1 x}$$

(9)

CASO III: Raíces complejos conjugados si m_1 y m_2 son complejas, podremos escribir $m_1 = \alpha + i\beta$ y $m_1 = \alpha - i\beta$, donde α y $\beta > 0$ y son reales, e $i^2 = -1$. No existe diferencia formal entre este caso y el caso 1; por ello.

$y = c_1 \, e^{(\alpha + i\beta)x} + c_2 \, e^{(\alpha - i\beta)x}$

Sin embargo, en la práctica se prefiere trabajar con funciones reales y no con exponenciales complejas. Con este objeto se usa la fórmula de Euler:

$e^{i\theta} = \cos\theta + i\,sen\theta$

En que θ es un número real. La consecuencia de esta fórmula es que

$$e^{i\beta x} = \cos\beta x + i\,sen\beta x \quad \text{Y} \quad e^{-i\beta x} = \cos\beta x - i\,sen\beta x$$

(10)

En donde hemos empleado $\cos(-\beta x) = \cos(\beta x)$ y $sen(-\beta x) = -sen(\beta x)$. obsérvese que si primero sumamos y después restamos las dos ecuaciones de (10), obtenemos respectivamente:

$$e^{(\alpha + i\beta)x} + e^{(\alpha - i\beta)x} = 2\cos\beta x \quad \text{Y} \quad e^{(\alpha + i\beta)x} - e^{(\alpha - i\beta)x} = 2i\,sen\beta x$$

Como $y = c_1 \, e^{(\alpha + i\beta)x} + c_2 \, e^{(\alpha - i\beta)x}$ es una solución de la ecuación (5) para cualquier elección de las constantes c_1 y c_2, $c_1 = c_2 = 1$ y $c_1 = 1, c_2 = -1$ obtenemos las soluciones:

$$y_1 = e^{(\alpha + i\beta)x} + e^{(\alpha - i\beta)x} \quad \text{Y} \quad y_2 = e^{(\alpha + i\beta)x} - e^{(\alpha - i\beta)x}$$

Pero $\quad y_1 = e^{\alpha x}(e^{i\beta x} + e^{-i\beta x}) = 2e^{\alpha x}\cos\beta x$

Y $\qquad y_2 = e^{\alpha x}(e^{i\beta x} - e^{-i\beta x}) = 2ie^{\alpha x}\, sen\beta x$

En consecuencia, los dos últimos resultados demuestran que las funciones reales $e^{\alpha x}cos\beta x$ y $e^{\alpha x}sen\beta x$ son soluciones de la ecuación (5). Esas soluciones son un conjunto fundamental en $(-\infty,\infty)$; por lo tanto, la solución general es

$$y = c_1 e^{\alpha x}cos\beta x + c_2\, e^{\alpha x}sen\beta x$$

$$y = e^{\alpha x}(\,c_1\, cos\beta x + c_2\, sen\beta x) \qquad (11)$$

EJEMPLO 19. **Ecuaciones diferenciales de segundo orden**

Resuelva las ecuaciones diferenciales siguientes:

(a) $2y'' - 5y' - 3y = 0$;
(b) $y'' - 10y' + 25y = 0$;
(c) $y'' + y' + y = 0$;

Se puede deducir, formalmente, la fórmula de Euler a partir de la serie de Maclaurin

$e^x = \displaystyle\sum_{n=0}^{\infty} \dfrac{x^n}{n!}$, con la sustitución $x = i\theta$, utilizando $i^2 = -1$, $i^3 = -i$, y separando después la serie en sus partes real e imaginaria luego de establecer esta posibilidad, podremos adoptar cm 6+i sen θ como definición de e?

Solución: presentaremos las ecuaciones auxiliares, raíces y soluciones generales correspondientes.

(a) $2m_2 - 5m - 3 = (2m + 1)(m - 3) = 0$, $m_1 = -\dfrac{1}{2}$, $m_2 = 3$,

$y = c_1\, e^{-\frac{x}{2}} + c_2\, e^{3x}$

(b) $m2 - 10m + 2.5 = (m - 5)^2 = 0$, $m_1 = m_2 = 5$

$y = c_1\, e^{5x} + c_2\, xe^{5x}$

(c) $m2 + m + 1 = 0$, $\quad m_1 = -\dfrac{1}{2} + \dfrac{\sqrt{3}}{2}i$, $m_2 = -\dfrac{1}{2} - \dfrac{\sqrt{3}}{2}i$,

$y = e^{-\frac{x}{2}}(c_1\, cos\dfrac{\sqrt{3}}{2}x + c_2\, sen\dfrac{\sqrt{3}}{2}x)$

EJEMPLO 20. **problema de valor inicial**

Resuelva el problema de valor inicial

$y'' - 4y' + 13y = 0$; $\ y(0) = 1$, $y'(0) = 2$.

Solución: las raíces de la ecuación auxiliar $m^2 + 4m + 13 = 0$, son $m_1 = 2 + 3i$ y $m_2 = 2 - 3i$, de modo que

$$y = e^{2x}(c_1 \cos 3x + c_2 sen3x)$$

Al aplicar la condición $y(0) = -1$, vemos que $-1 = e^0(c_1 \cos 0 + c_2 sen0)$ y que $c_1 = -1$ diferenciamos la ecuación de arriba y a continuación, aplicando $y'(0) = 2$, obtenemos $2 = 3c_2 - 2,0$ sea, $c_2 = \dfrac{4}{3}$; por consiguiente, la solución es

$$y = e^{2x}\left(-\cos 3x + \frac{4}{3}sen3x\right)$$

Las ecuaciones diferenciales $y'' + k^2 y = 0$ y $y'' - k^2 y = 0$, con k real, son importantes en matemáticas aplicadas. Para la primera, la ecuación auxiliar $m^2 + k^2 = 0$, tiene las raíces imaginarias $m_1 = ik$ y $m_2 = -ki$, segun la ecuación (8), con α= 0 y β=k, la solución general es

$$y = c_1 \cos kx + c_2 senkx \qquad (12)$$

La ecuación auxiliar de la segunda ecuación, $m^2 + k^2 = 0$, tiene las raíces reales distintas $m_1 = ik$ y $m_2 = -ki$, por ello, su solución general es

$$y = c_1 e^{kx} + c_2 e^{-kx} \qquad (13)$$

Obsérvese que si elegimos $c_1 = c_2 = \dfrac{1}{2}$ y después $c_1 = \dfrac{1}{2}$, $c_2 = -\dfrac{1}{2}$ en (13), llegamos a las soluciones particulares $y = (e^{kx} + e^{-kx})/2 = cosh kx$ y $y = (e^{kx} - e^{-kx})/2 = senh\, kx$. puesto que cosh *kx* y senh *kx* son linealmente independientes en cualquier intervalo del eje x, una forma alternativa de la solución $y'' - k^2 y = 0$ es

$$y = c_1 \cos hkx + c_2 senhkx$$

Para resolver una ecuación diferencial de orden superior o n como

$$a_n y^{(n)} + a_{n-1} y^{(n-1)} + . . . + a_2 y'' + a_1 y' + a_0 y = 0, \qquad (14)$$

En donde las $a_i, i = 0, 1, ...n$ son constantes reales debemos resolver una ecuación polinomio de grado n:

$$a_n m^{(n)} + a_{n-1} m^{(n-1)} + . . . + a_2 m^2 + a_1 m + a_0 = 0, \qquad (15)$$

Si todas las raíces de la ecuación (15) son reales y distintas, la solución general de la ecuación (14) es

$$y = c_1 e^{m_1 x} + c_2 e^{m_2 x} + ... + c_n e^{m_n x}$$

Los análogos de los casos II y III por que las raíces de una ecuación auxiliar de grado mayor se pueden presentarse en muchas combinaciones. Por ejemplo, para una ecuación de quinto grado, se pueden tener cinco raíces reales distintas, o tres raíces diferentes y dos complejas, o una real y cuatro complejas, cinco reales pero iguales, cinco reales, pero dos iguales, etcétera. Cuando m_1 es raíz de multiplicidad k de una ecuación auxiliar de grado n (esto es, k raíces son iguales a m_1), se puede demostrar que las soluciones linealmente independientes son

$$e^{m_1 x}, xe^{m_1 x}, x^2 e^{m_1 x}, ..., x^{k-1} e^{m_1 x}$$

Y que la solución general debe contener la combinación

$$c_1 e^{m_1 x} + c_2 e^{m_1 x} + c_3 x^2 e^{m_1 x} + ... + c_k x^{k-1} e^{m_1 x}$$

Cuando los coeficientes son reales las raíces complejas de la ecuación auxiliar siempre serán en pares conjugados. Por ejemplo, una ecuación polinomial cubica puede tener dos raíces complejas cuando mucho.

EJEMPLO 21. **Ecuación diferencial de tercer orden**

Resolver $y''' - 3y'' - 4y = 0$;

Solución: Al examinar $m^3 + 3m^2 - 4 = 0$ debemos notar que una de sus raíces es $m_1 = 1$, dividimos $m^3 + 3m^2 - 4$ entre $m - 1$, vemos que

$$m^3 + 3m^2 - 4 = (m-1)(m^2 + 4m - 4) = (m-1)(m+2)^2$$

Y entonces las demás raíces son $m_2 = m_3 = -2$, Así, la solución general es

$$y = c_1 e^x + c_2 e^{-2x} + c_3 x e^{-2x}$$

EJEMPLO 22. **Ecuación diferencial de cuarto orden**

Resuelva $\dfrac{d^4 y}{dx^4} + 2\dfrac{d^2 y}{dx^2} + y = 0$

Solución: la ecuación auxiliar es $m^4 + 2m^2 + 1 = (m^2 + 1)^2 = 0$ y tiene las raíces $m_1 = m_3 = i$ y $m_2 = m_4 = -i$ así de acuerdo con el caso II, la solución es

$$y = c_1 e^{ix} + c_2 e^{-ix} + c_3 x e^{ix} + c_4 x e^{-ix}$$

Usando la fórmula de Euler, se puede escribir de las siguientes formas: $c_1 e^{ix} + c_2 e^{-ix}$ o $c_1 \cos x + c_2 \operatorname{sen} x$. Redefiniendo las constantes y rescribiendo a $c_3 x e^{ix} + c_4 x e^{-ix}$ se puede expresar de la forma $x\left(c_3 e^{ix} + c_4 e^{-ix}\right) = x\left(c_3 \cos x + c_4 \operatorname{sen} x\right)$. Teniendo como solución general a

$$y = c_1 \cos x + c_2 \operatorname{sen} x + x\left(c_3 \cos x + c_4 \operatorname{sen} x\right)$$

2.3.3 Ecuaciones lineales no homogéneas con coeficientes constantes

Para resolver una ecuación diferencial lineal no homogénea

$$a_n \frac{d^n y}{dx^n} + a_{n-1} \frac{d^{n-1} y}{dx^n - 1} + \ldots + a_1 \frac{dy}{dx} + a_0(x)y = g(x)$$

Debemos pasar por dos etapas [4]:

i)   Determinar la función complementaria,

ii)   Establecer una solución particular, y_p de la ecuación no homogénea.

2.3.3.1 Solución de ecuaciones no homogéneas con el método de coeficientes indeterminados

EJEMPLO 23. Solución general con coeficientes indeterminados

Resolver $y'' + 4y' - 2y = 2x^2 - 3x + 6$

Solución: paso 1. Primero resolveremos la ecuación homogénea asociada

$Y'' + 4y' - 2y = 0$. Al aplicar la formula cuadrática tenemos que las raíces de la ecuación auxiliar $m^2 + 4m - 2 =$ son $m_1 = -2 - \sqrt{6}$ y $m_2 = -2 + \sqrt{6}$, entonces, la función complementaria es

$$y_c = c_1 e^{(-2-\sqrt{6})x} + c_2 e^{(-2+\sqrt{6})x}$$

Paso 2. Por ser la función g(x) un polinomio cuadrático, se puede proponer una solución particular de la forma de un polinomio cuadrático:

$$y_p = A x^2 + B x + C$$

Tratamos de determinar coeficientes *A*, *B* y *C* específicos para los que y_p sea una solución de (2). Sustituimos y_p y las derivadas

$$y_p' = 2 A x + B$$
$$y_p'' = 2 A$$

En la ecuación diferencial dada, la ecuación (2), y obtenemos

$$y_p'' + 4y_p' - 2y_p = 2A + 8Ax + 4B - 2Ax^2 - 2Bx - 2C = 2x^2 - 3x + 6$$

Como se supone que esta ecuación es una identidad, los coeficientes de potencias de x de igual grado deben ser iguales:

$$-2A x^2 \quad + (8A - 2B) x \quad + 2A + 4B - 2C = 2 x^2 \quad - 3 x \quad + 6$$

Esto es.

$$-2A = 2$$

$$8A - 2B = -3$$

$$2A + 4B - 2C = 6$$

Al resolver este sistema de ecuaciones se obtienen

$$A = -1, \quad B = -\frac{5}{2} \quad \text{y} \quad C = -9$$

Así, una solución particular es

$$y_p = -x^2 - \frac{5}{2}x - 9$$

Paso 3. La solución general de la ecuación dada es

$$y = y_c + y_p = c_1 e^{(-2-\sqrt{6})x} + c_2 e^{(-2+\sqrt{6})x} - x^2 - \frac{5}{2}x - 9$$

EJEMPLO 24. **Solución general mediante coeficientes indeterminados**

Determine una solución particular de $y'' - y' + y = 2\,sen3x$

Solución: una estimación lógica para una solución particular seria $A\,sen3x$; pero como las diferenciaciones sucesivas de $sen3x$ y de $cos3x$, se tiene que proponer una solución particular que posea ambos términos:

$y_p = A\,sen3x + B\,cos3x$

Al conseguir y_p y sustituirlo en la ecuación diferencial se tiene

$$y_p'' - y_p' + y_p = (-8A - 3B)\,cos3x + (3A - 8B)\,sen3x = 2\,sen3x$$

Igual

$$(-8A - 3B)\,cos3x + (3A - 8B)\,sen3x = 0 + 2\,sen3x$$

Del sistema

$$-8A - 3B = 0$$

$$3A - 8B = 2$$

Obtenemos $A = \dfrac{6}{73}$ y $B = -\dfrac{16}{73}$ una solución particular de la ecuación es

$$y_p = \frac{6}{73} sen3x + \frac{16}{73} cos3x$$

Como ya mencionamos, la forma que supongamos para la solución particular y_p es una estimación coherente, no a ciegas. Dicha estimación ha de cuenta no solo los tipos de funciones que forman a $g(x)$, sino (como veremos en el ejemplo 4), las funciones que forman la función complementaria y_c.

2.3.3.2 Solución de ecuaciones no homogéneas con coeficientes indeterminados, método del anulador

EJEMPLO 25. **Solución general mediante coeficientes indeterminados**

Resuelva: $y'' + 3y' + 2y = 4x^2$

Solución: paso 1. Primero resolvemos la ecuación homogénea $y'' + 3y' + 2y = 0$ .A continuación a partir de la ecuación auxiliar $m^2 + 3m + 2 = (m+1)(m+2) = 0$ son $m_1 = -1$ y $m_2 = -1$, por lo tanto, la función complementaria es

$$y_c = c_1 e^{-x} + c_1 e^{-2x}$$

Paso 2. Como el operador diferencial D^3 anula a $4x^2$, vemos que

$D^3(D^2 + 3D + 2)y = 4D^3x^2$ es lo mismo que

$D^3(D^2 + 3D + 2)y = 0$

La ecuación auxiliar de la ecuación de quinto orden es:

$$m^3(m^2 + 3m + 2) = 0 \quad \text{o sea} \quad m^3(m+1)(m+2) = 0$$

Tiene las raíces $m_1 = m_2 = m_3 = 0$ y $m_4 = -1$ y $m_5 = -2$. Así su solución general debe ser

$$y_c = c_1 + c_2 x + c_3 x^2 + c_4 e^{-x} + c_4 e^{-2x}$$

La solución anterior constituye la función complementaria de la ecuación original o problema. Entonces podemos decir que una solución particular, y_p, también debería satisfacer la ecuación original.

$$y_p = A + Bx + Cx^2$$

Para que la ecuación y_p sea una solución particular de la ecuación diferencial, se necesita determinar los coeficientes específicos A, B y C. derivamos la función y_p para obtener

$$y_p' = B + 2Cx$$

$$y_p'' = 2C$$

Y Sustituimos en (9) para llegar a

$$y'' + 3y' + 2y = 2C + 3B + 6Cx + 2A + 2Bx + 2Cx^2 = 4x^2$$

Esta última ecuación es una identidad, lo que implica que los coeficientes de las potencias de igual grado en x deben ser iguales:

$$2C x^2 + (2B + 6C) x + 2A + 3B + 2C = 4x^2 + 0 x + 0$$

Esto es.

$$2C = 4, \quad 2B + 6C = 0, \quad 2A + 3B + 2C = 0$$

Resolviendo las ecuaciones anteriores, se obtiene $A = 7$, $B = -6$ y $C = 2$. En esta forma $y_p = 7 - 6x + 2x^2$

Paso 3. La solución general de la ecuación (9) es $y = y_c + y_p$, o sea

$$y = c_1 e^{-x} + c_2 e^{-2x} + 7 - 6x + 2x^2$$

EJEMPLO 26. Solución general empleando coeficientes indeterminados

Resuelva: $y'' - 3y' = 8e^x + 4\,senx$

Solución: Paso 1. La ecuación auxiliar de la ecuación homogénea asociada

$y'' - 3y' = 0$ es $m^2 - 3m = 0$ factorizando $m(m - 3) = 0$ de aquí que la solución homogénea sea:

$$y_c = c_1 + c_2 e^{3x}$$

Paso 2. En vista de que $(D - 3) e^{3x} = 0$ y $(D^2 + 1) senx = 0$, aplicamos el operador diferencial $(D - 3)(D^2 + 1)$ a ambos lados de la EDO

$$(D - 3)(D^2 + 1)(D^2 - 3D)y = 0$$

La ecuación auxiliar de la ecuación anterior es

$(m - 3)(m^2 + 1)(m^2 - 3m) = 0$ o sea $m(m - 3)(m^2 + 1)(m - 3) = 0$

De modo que

$$y_c = c_1 + c_2 e^{3x} + c_3 \, x \, e^{3x} + c_4 \cos x + c_5 \, \text{sen} x$$

Al excluir la combinación lineal de términos en gris se llega a la forma de

$$y_p = A \, x \, e^{3x} + B \cos x + C \, \text{sen} x$$

Sustituimos y_p en (14), simplificamos y obtenemos

$$y_p'' - 3y_p' = 3Ae^{3x} + (-B - 3C) \cos x + (3B - C) \, \text{sen} x = 8e^{3x} + 4 \text{sen} x$$

Igualamos coeficientes:

$$3A = 8, \quad -B - 3C = 0, \quad 3B - C = 4$$

Vemos que $A = \dfrac{8}{3}$, $B = \dfrac{6}{5}$ y $C = -\dfrac{2}{5}$ y, en consecuencia,

$$y_p = \frac{8}{3} x \, e^{3x} + \frac{6}{5} \cos x - \frac{2}{5} \, \text{sen} x$$

Paso 3. Entonces la solución general de (14) es

$$y = c_1 + c_2 e^{3x} + \frac{8}{3} x \, e^{3x} + \frac{6}{5} \cos x - \frac{2}{5} \, \text{sen} x$$

2.3.3.3 Solución de ecuaciones no homogéneas con el método de variación de parámetros

EJEMPLO 27. **Solución general mediante variación de parámetros**

Resuelva $y'' - 4y' + 4y = (x + 1)e^{2x}$

Solución: Partimos de la ecuación auxiliar

$m^2 - 4m + 4 = (m - 2)(m - 2) = 0$, y tenemos que

$$y_c = c_1 e^{2x} + c_2 \, x \, e^{2x}$$

La solución particular es:

$$y_c = u_1 e^{2x} + u_2 \, x \, e^{2x} \qquad \text{Con:} \quad u_1' = \frac{W_1}{W} \text{ y } u_2' = \frac{W_2}{W}$$

Para calcular u_1 y u_2 se procede de la siguiente forma:

identificamos $y_1 = e^{2x}$ y $y_1 = x \, e^{2x}$ calculamos el Wronskiano.

$$W(e^{2x}, xe^{2x}) = \begin{vmatrix} e^{2x} & x\,e^{2x} \\ 2\,e^{2x} & 2\,e^{2x} + e^{2x} \end{vmatrix} = e^{4x}$$

Como la ecuación diferencial dada esta en la forma reducida (esto es, el coeficiente de y'' es 1), vemos que $f(x) = (x+1)e^{2x}$. Calculamos $u_1' = \dfrac{W_1}{W}$ y $u_2' = \dfrac{W_2}{W}$

$$W_1 = \begin{vmatrix} 0 & x\,e^{2x} \\ (x+1)e^{2x} & 2\,e^{2x} + e^{2x} \end{vmatrix} = -(x+1)xe^{4x}$$

$$W_2 = \begin{vmatrix} e^{2x} & 0 \\ 2\,e^{2x} & (x+1)e^{2x} \end{vmatrix} = (x+1)\,e^{4x}$$

Y así, $u_1' = \dfrac{W_1}{W} = -\dfrac{(x+1)xe^{4x}}{e^{4x}} = 2x+1$ y $u_2' = \dfrac{W_2}{W} = -\dfrac{(x+1)\,e^{4x}}{e^{4x}} = x+1$

En consecuencia $u_1 = -\dfrac{x^3}{3} - \dfrac{x^2}{2}$ y $u_2 = \dfrac{x^2}{2} + x$

Entonces, $y_p = \left(-\dfrac{x^3}{3} - \dfrac{x^2}{2}\right)e^{2x} + \left(\dfrac{x^2}{2} + x\right)xe^{2x} = \left(\dfrac{x^3}{6} + \dfrac{x^2}{2}\right)e^{2x}$

Luego la solución general es:

$$y = c_1 e^{2x} + c_2\, x\, e^{2x} + \left(\dfrac{x^3}{6} + \dfrac{x^2}{2}\right)e^{2x}$$

EJEMPLO 28. **Solución general mediante variación de parámetros**

Resuelva: $4y'' + 36y = csc3x$

Solución: Primero llevamos la ecuación a su forma reducida dividiéndola por 4:

$$y'' + 9\,y = \frac{1}{4}csc3x$$

Las raíces de la ecuación auxiliar $m^2 + 9 = 0$ son $m_1 = 3i$ y $m_1 = -3i$, la función complementaria es

$y_c = c_1\,cos3x + c_2\,sen3x$

La solución particular es:

$$y_c = u_1 cos3x + u_2 sen3x \qquad \text{Con:} \quad u_1' = \frac{W_1}{W} \ \text{y} \ u_2' = \frac{W_2}{W}$$

Para calcular u_1 y u_2 se procede de la siguiente forma:

Identificamos $y_1 = cos3x$, $y_2 = sen3x$ y $f(x) = \dfrac{1}{4}csc3x$ calculamos el Wronskiano

$$W(cos3x, sen3x) = \begin{vmatrix} cos3x & sen3x \\ -3senx & 3\,cos3x \end{vmatrix} = 3$$

Como la ecuación diferencial dada esta en la forma reducida (esto es, el coeficiente de $y^{''}$ es 1), vemos que $f(x) = \dfrac{1}{4}csc3x$. Calculamos $u_1' = \dfrac{W_1}{W}$ y $u_2' = \dfrac{W_2}{W}$

$$W_1 = \begin{vmatrix} 0 & sen3x \\ \dfrac{1}{4}csc3x & 3\,cos3x \end{vmatrix} = -\dfrac{1}{4}, \qquad W_2 = \begin{vmatrix} cos3x & 0 \\ -3\,sen3x & \dfrac{1}{4}csc3x \end{vmatrix} = \dfrac{1cos3x}{4sen3x}$$

Y así, $u_1' = \dfrac{W_1}{W} = -\dfrac{1}{12}$ y $u_2' = \dfrac{W_2}{W} = -\dfrac{1}{12}\dfrac{cos3x}{sen3x}$

En consecuencia $u_1 = -\dfrac{x}{12}$ y $u_2 = \dfrac{1}{36}\ln(sen3x)$

Entonces, $y_p = -\dfrac{x}{12}cos3x + \dfrac{1}{36}\ln(sen3x)sen3x$

Luego la solución general es:

$$y = c_1\,cos3x + c_2\,sen3x - \dfrac{x}{12}cos3x + \dfrac{1}{36}\ln(sen3x)sen3x$$

Encontrar la solución general de las siguientes ecuaciones

1) $x_{k+2} - 7x_{k+1} + 6x_k = 0$
2) $x_{k+2} - 6x_{k+1} + 9x_k = 0$
3) $x_{k+2} - 2x_{k+1} + 4x_k = 0$
4) $x_{t+2} - 4x_t = 3$
5) $3x_{t+2} - 5x_t = 4t$
6) $x_{t+2} - 5x_{t+1} + 6x_t = t^2 + 2$
7) $3x_{t+2} + 2x_{t+1} - 4x_{t+1} = 5^t$
8) $2x_{t+2} + 3x_{t+1} - 4x_{t+1} = 10\,sen(3t)$

En los siguientes problemas encuentra la solución particular

9) $x_{t+2} - 4x_t = t$ con $x_o = 0$ $x_1 = \dfrac{1}{3}$

10) $4x_{t+2} + 2x_{t+1} + x_t = t^2 + 3$ con $x_1 = 1$ $x_2 = \dfrac{2}{5}$

11) $x_{t+2} - 5x_{t+1} + 6x_t = t^2 + 2$ con $x_o = 1$ $x_3 = \dfrac{3}{4}$

12) $4x_{t+2} + x_t = 3t - 5$ con $x_0 = \dfrac{1}{2}$ $x_1 = \dfrac{4}{5}$

Resuelva las siguiente EDO de tiempo continuo

13. $4y'' - 4y' - 3y = 0$, $y(0) = 1, y'(0) = 5$

14. $y'' + 3y' + 2y = 0$, $y(1) = 0, y'(1) = 1$

15. $y''y = 0$, $y\left(\dfrac{\pi}{3}\right) = 0, y'\left(\dfrac{\pi}{3}\right) = 2$

16. $y''' + 12y'' + 36y' = 0$, $y(0) = 0, y'(0) = 1, y''(0) = -7$

17. $y''' + 2y'' - 5y' - 6y = 0$, $y(0) = y'(0) = 0, y''(0) = 1$

18. $y''' - 8y = 0$, $y(0) = 0, y'(0) = -1, y''(0) = 0$

19. $\dfrac{d^4y}{dx^4} = 0$, $y(0) = 2, y'(0) = 3, y''(0) = 4, y'''(0) = 5$

20. $\dfrac{d^4y}{dx^4} - 3\dfrac{d^3y}{dx^3} + 3\dfrac{d^2y}{dx^2} - \dfrac{dy}{dx} = 0$, $y(0) = y'(0) = 0, y''(0) = y'''(0) = 1$

Resuelva cada una de las ecuaciones diferenciales en los problemas 21 a 34 usando los métodos para resolver EDO no homogéneas.

21 . $y'' + y = \sec x$

22 $y'' + y = \tan x$

23 . $y'' + y = \operatorname{sen} x$

24 $y'' + y = \sec x \tan x$

25 $y'' + y = \cos^2 x$

26 $y'' + y = \sec^2 x$

27 $y'' - y = \cosh x$

28 $y'' - y = \operatorname{senh} 2x$

29 $y'' - 4y = \dfrac{e^{2x}}{x}$

30 $y'' - 9y = \dfrac{9x}{e^{3x}}$

31 $y'' + y = \dfrac{1}{1 + e^x}$

32 $y'' - 3y' + 2y = \dfrac{e^{3x}}{1 + e^x}$

33 $y'' + 3y' + 2y = \operatorname{sen} e^x$

CAPÍTULO III.

APLICACIÓN Y SIMULACION DE ECUACIONES DIFERENCIALAES Y EN DIFEERENCIAS

En este capítulo se reloveran problemas de aplicación que se reolveran desde sus fundamentos cientificos para obtener, solucionar y modelar las ecuciones de diferencias y diferenciales que lo rigen.

3.1 APLICACIONES Y PROGRAMACIÓN DE SISTEMAS DINÁMICOS CON MATLAB

3.1.1 Programación de un oscilador armónico sin pérdidas

Considere el movimiento de una masa de 2 kg oscilando en el estremo de un resorte cuya constante de elasticidad es de 0.5 N/m (ver figura siguiente), si la amplitud máxima es de $A = 30 \, Cm$. Se requiere un informe que contenga los siguientes aspectos:

a) La ecuación diferencial que rige el movimiento.

b) La solución general y particular de la edo.

c) Programación de la simulación para un intervalo de tiempo de 0 a 20 seg. Con un saltos de 0.5.

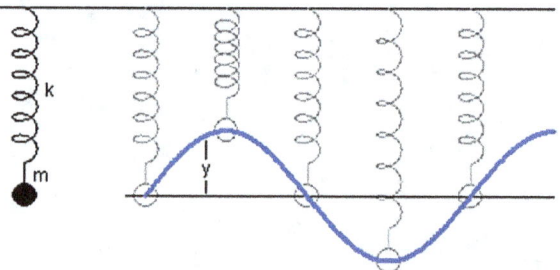

Para el análisis cualitativo del problema, se toma a y como la distancia entre la posición de equilibrio y la masa m. Al aplicar la fuerza del resorte, que es directamente proporcional al desplazamiento esto es $F = -ky$ (ley de Hooke), donde k la constante elástica del resorte. El signo negativo indica que cuando y es positiva la fuerza está dirigida en sentido contrario, es decir hacia las y negativas. Con base en esto se tiene que:

$F = -ky$

Por la segunda ley de Newton se tiene que $F = ma$. Sustityendo en la ecuacion anterior se tiene

$ma = -ky$

Por definición de acelaración se tiene que $a = \dfrac{d^2y}{dt^2}$, por lo tanto, nuestra ecuación diferencial quedaría de la forma:

$m\dfrac{d^2y}{dt^2} = -ky$

La solución general de la ecuación diferencial de segundo orden es

$$y(t) = C1 \, sin\left(\frac{\sqrt{k}}{\sqrt{m}} t\right) + C2 \, cos\left(\frac{\sqrt{k}}{\sqrt{m}} t\right)$$

La solución particular de la edo es:

$$y(t) = A \, cos\left(\frac{\sqrt{k}}{\sqrt{m}} t\right)$$

Para conseguir la solución numérica o dinámica de la edo se obtiene se procede de la siguiente manera:

$$m \frac{d^2 y}{dt^2} = -ky$$

Como

$$\frac{d^2 y}{dt^2} = \frac{y(t_i) - 2y(t_{i-1}) + y(t_{i-2})}{h^2} \quad con \ \ h = t_i - t_{i-1}$$

Sustituyendo en la edo se tiene

$$m \frac{y(t_i) - 2y(t_{i-1}) + y(t_{i-2})}{h^2} = -k \, y(t_{i-1})$$

Despejando $y(t)$ se obtiene la ecuación en diferencias

$$y(t_i) = -\frac{k}{m} h^2 y(t_{i-1}) + 2y(t_{i-1}) - y(t_{i-2})$$

La programación en matlab de este sistema masa resorte es:

```
clc
clear all
disp('MOVIMIENTO ARMÓNICO')
disp('caso 1) Masa resorte.')
disp(' F = - k y')
disp(' m a = - k y')
disp(' m d2y/dt2 = - k y')
disp('Solución general de la EDO')
yg=dsolve('m*D2y=-k*y','t')
disp('Solución particular de la EDO')
yp=dsolve('m*D2y=-k*y','y(0)=A', 'Dy(0)=0','t')
ypv=vectorize(yp)
disp('Solución numérica')
disp(' Sustituimos a: d2y/dt2 =(yis-2*yi+yii)/h^2')
disp(' m (yis-2*yi+yii)/h^2 = - k y')
disp('Despejando yis se tiene que:')
disp(' yis = - k/m h^2 yi +2*yi - yii ')
%Constantes o parámetros
m=2
k=0.5
A=0.3
h=0.5
t=[0:h:20];
ype=eval(ypv);
```

```
tam=length(t)
for i=[1:tam]
    if i==1 | i==2
        yn(i)= ype(i)
    else
        yn(i)= - k/m*h^2*yn(i-1) +2*yn(i-1) - yn(i-2);
    end
end
Error_abs_por=abs(ype-yn).*100;
M=[t' ype' yn' Error_abs_por'];
disp('_____')
disp('     Tiempo Sol.Exact  Sol.Num  Error abs. %')
disp('_____')
disp(M)
disp('_____')
plot(t, ype,'b', t, yn,'-- g')
grid on
title(' Yexacta(azul) y Ynumérica(verde) vs t')
xlabel('Tiempo (seg)')
ylabel('Elongación (mt)')
```

Los resultados obtenidos de correr el progama son:

Tablas 4. Solucion particular y numérica del oscilador armónico

Tiempo (seg)	Solución particular $y(t) = A\cos\left(\dfrac{\sqrt{k}}{\sqrt{m}}t\right)$	Solución numérica $y_n(t)$	Error absoluto % $|y(t) - y_n(t)|100\%$
0	0.3	0.3	0,00%
0.5	0.29067	0.29067	0,00%
1	0.26327	0.26318	0,01%
1.5	0.21951	0.21924	0,03%
2	0.16209	0.16159	0,05%
2.5	0.094597	0.09385	0,07%
3	0.021221	0.02024	0,10%
3.5	-0.053474	-0.054635	0,12%
4	-0.12484	-0.12609	0,13%
4.5	-0.18845	-0.18967	0,12%
5	-0.24034	-0.2414	0,11%
5.5	-0.27729	-0.27804	0,08%
6	-0.297	-0.2973	0,03%
6.5	-0.29824	-0.29797	0,03%
7	-0.28094	-0.28003	0,09%
7.5	-0.24617	-0.24458	0,16%
8	-0.19609	-0.19385	0,22%

8.5	-0.13383	-0.131	0,28%
9	-0.063239	-0.059966	0,33%
9.5	0.011281	0.014818	0,35%
10	0.085099	0.088676	0,36%
10.5	0.15363	0.15699	0,34%
11	0.2126	0.2155	0,29%
11.5	0.25836	0.26053	0,22%
12	0.28805	0.28928	0,12%
12.5	0.29983	0.29995	0,01%
13	0.29298	0.29188	0,11%
13.5	0.2679	0.26556	0,23%
14	0.22617	0.22265	0,35%
14.5	0.17038	0.16582	0,46%
15	0.10399	0.098621	0,54%
15.5	0.031138	0.025263	0,59%
16	-0.04365	-0.049674	0,60%
16.5	-0.11572	-0.12151	0,58%
17	-0.1806	-0.18574	0,51%
17.5	-0.23425	-0.23837	0,41%
18	-0.27334	-0.2761	0,28%
18.5	-0.29543	-0.29658	0,11%
19	-0.29915	-0.29852	0,06%
19.5	-0.28427	-0.2818	0,25%
20	-0.25172	-0.24747	0,43%

La grafica de las soluciones exacta y numéricas es

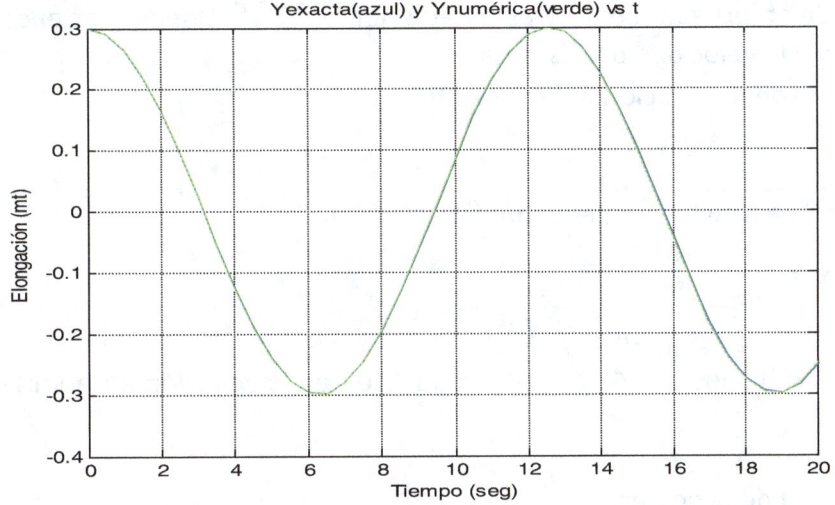

3.1.2 Programación de un oscilador armónico amortiguado

Este sistema esta dado por las siguientes condiciones ilustradas en la siguiente figura:

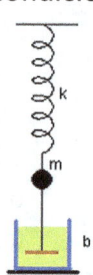

Donde se tiene un masa m de 2 Kg oscilando con una elongación máxima de 10 Cm en el extremo de un resote con una constante elástica k de 500 N/m, dicha masa esta unida a un amortiguador con un coeficiente b de 0.5 N seg/m, el cual se encarga de medir el amortiguamiento debido a la viscosidad. Si se toma un b pequeño el sistema estará poco amortiguado. Nótese el signo negativo indica que si la velocidad es positiva, la fuerza tiene la dirección opuesta a la velocidad de la partícula. Con base en lo anterio se requiere un informe que contenga los siguientes aspectos:

d) La ecuación diferencial que rige el movimiento.
e) La solución general y particular de la edo.
f) Programación de la simulación para observar el comportamiento del sistema en cualquier instante de tiempo.

Solución:
Las fuerza que actual en el sistema son: $F = F_e + F_a$, donde:
F_e es la fuerza elastica y esta dada por $F_e = - k\,y$. Donde k es la constante de elasticidad del resorte y y la deformación del mismo.
F_a es la fuerza de amortiguamiento y esta dada por $F_a = - b\,v$. Donde b es el coeficiente de amortiguación y v la velocidad del sistema.
Sustiyendo F_e y F_a en la ecuación anterior se tiene:
$$F = - k\,y - b\,v$$

Por la segund ley de Newton se tiene que $F = ma$
$$ma = - k\,y - b\,v$$

Por definición se sabe que $v = \dfrac{dy}{dt}$ y $a = \dfrac{d^2y}{dt^2}$ al sustituir en la ecuación anterior llega a la edo
$$m\frac{d^2y}{dt^2} = - k\,y - b\frac{dy}{dt}$$
La solución general de la edo es:
$$y(t) = C2\,e^{-\frac{\left(b + \sqrt{b^2 - 4\,k\,m}\right)t}{2\,m}} + C1\,e^{-\frac{\left(b - \sqrt{b^2 - 4\,k\,m}\right)t}{2\,m}}$$

La solución particular de la edo es:

$$y_p(t) = \frac{1}{20\sqrt{b^2 - 4km}}\left(\left(b + 20Am + \sqrt{b^2 - 4km}\right)e^{-\frac{t\left(b - \sqrt{b^2 - 4km}\right)}{2m}} - \left(b + 20Am - \sqrt{b^2 - 4km}\right)e^{-\frac{t\left(b + \sqrt{b^2 - 4km}\right)}{2m}} \right)$$

Para obtener la solución numérica o dinámica de la edo se procede de la siguiente forma:

$$m\frac{d^2y}{dt^2} = -ky - b\frac{dy}{dt}$$

Como:

$$\frac{d^2y}{dt^2} = \frac{y(t_i) - 2y(t_{i-1}) + y(t_{i-2})}{h^2}, \quad \frac{dy}{dt} = \frac{y(t_i) - y(t_{i-1})}{h} \quad con \ h = t_i - t_{i-1}$$

Sustituyendo en la edo se tiene

$$m\frac{y(t_i) - 2y(t_{i-1}) + y(t_{i-2})}{h^2} = -ky(t_{i-1}) - b\frac{y(t_i) - y(t_{i-1})}{h}$$

Despejando $y(t)$ se obtiene la ecuación en diferencias

$$y(t_i) = \frac{-ky(t_{i-1}) + b\dfrac{y(t_{i-1})}{h} - m\dfrac{-2y(t_{i-1}) + y(t_{i-2})}{h^2}}{\dfrac{m}{h^2} + \dfrac{b}{h}}$$

El programa para la simulación es:

```
clc
clear all
disp('Simulación de un sistema masa resorte amortiguado')
syms t y(t) m b k A
disp('Derivadas usadas en la EDO')
D2y=diff(y,t,2)
Dy=diff(y,t)
disp('Ecuación diferencial')
eqd=m*D2y+b*Dy+k*y
disp('Solución general de la EDO')
sol_gen=dsolve(eqd)
disp('Solución particular de la EDO')
sol_par=dsolve(eqd, Dy(0)==A, y(0)==0.1)
disp('Constantes')
m=2
k=500
b=0.5
A=0.1
eqdn=m*D2y+b*Dy+k*y
sol_parn=dsolve(eqdn, Dy(0)==A, y(0)==0.1)
%Grafica de la solución partiuclar
ezplot(sol_parn)
```

La grafica de los resultados obtenidos es:

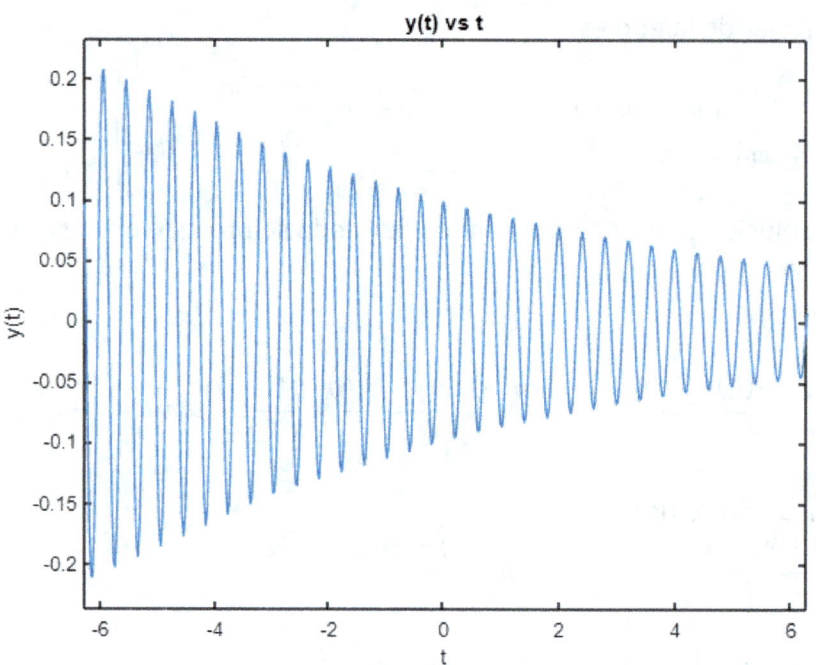

3.2.1 Simulacion del circuito rc con fuente variable

Dado el siguiente circuito RC, realice un estudio dinámico del sistema que lo rige.

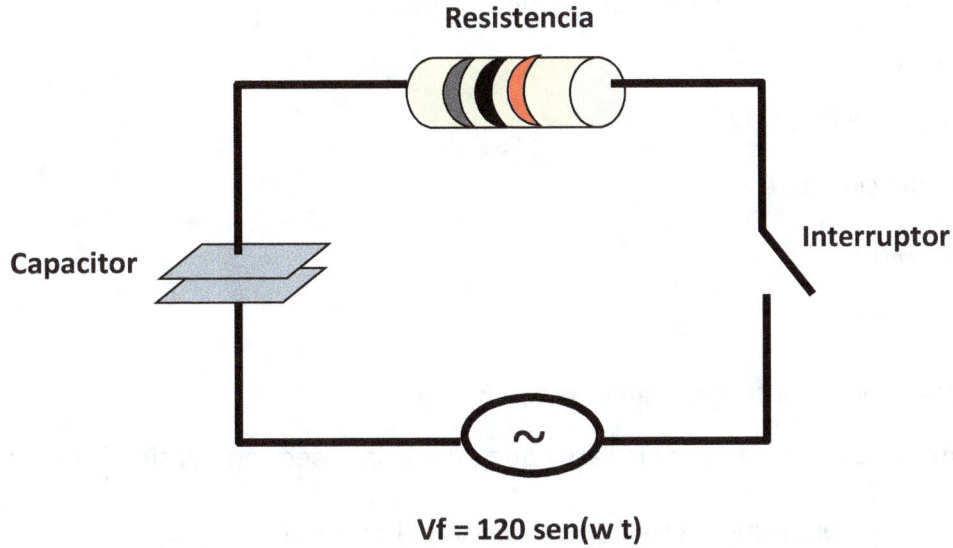

Resistencia

Interruptor

Capacitor

Vf = 120 sen(w t)

f= 60 Hz

Realice la simulación para las siguientes situaciones:

a) R = 100 Ω, C= 720 µf, Vf = 120 sen(wt) con f = 60 Hz, t = [0, 10] con h=0,2
b) R = 600 Ω, C= 1200 µf, Vf = 100 sen(wt) con f = 50 Hz, t = [0, 20] con h=0,2R = 500 Ω, C= 900 µf, Vf = 110 sen(wt) con f = 50 Hz, t= [0, 30] con h=0,2

Solución:

Paso 1: Análisis cualitativo del sistema

Los circuitos que contienen resistencias y capacitores se conocen como circuitos RC. Los cuales se caracteriza por que la corriente varia con el tiempo. Cuando el tiempo es cero, el condensador no tiene carga, en el momento que empieza a transcurrir el tiempo, el condensador empieza a cargarse por la corriente en el circuito. Como hay un espacio entre las placas del condensador, en el circuito no circula corriente, por eso se utiliza una resistencia. Cuando el condensador alcanza su carga completa, la corriente en el circuito es igual a cero.

Carga de un condensador

Al analizar el circuito en serie de la figura anterior. Se tiene que inicialmente el condensador está descargado. Cuando se cierra el interruptor la carga empieza a fluir originando una corriente en el circuito, el condensador se empieza a cargar. Una vez que se alcanza la carga máxima la corriente es cero en el circuito.

Del circuito de la figura anterior se cumple que

$$V_R + V_C = V_f$$

El voltaje sobre la resistencia de acuerdo con la ley de Ohm es: $V_R = iR$

El voltaje en el capacitor está dado por: $V_C = \dfrac{q}{C}$

El voltaje de la fuente es variable, pues es una fuente de corriente alterna

$$V_f = 120\, sen(wt)$$

Con $w = 2\,\pi\, f = 2\,\pi\,(60) = 120\,\pi$

La ecuación del circuito es

$$iR + \frac{q}{C} = 120\, sen(wt)$$

Paso 2: Obtención del EDO que rige el sistema

Como la intensidad está dada por la carga que atraviesa la sección del circuito en la unidad de tiempo, $i = \dfrac{dq}{dt}$ tendremos la siguiente ecuación diferencial

$$R\frac{dq}{dt} + \frac{q}{C} = 120\, sen(wt)$$

Paso 3: Solución de la EDO que rige el sistema

Solucionaremos la ecuación diferencial, general para cualquier voltaje y pulsación en la fuente de poder.

$$R\frac{dq}{dt} + \frac{q}{C} = V\, sen(wt)$$

La anterior es una EDO lineal y su solución está dada por:

$$q(t) = C_1\, e^{-\frac{t}{RC}} - V\, C\frac{w\, C\, R\cos(wt) - sen(wt)}{1 + (w\, C\, R)^2}$$

Aplicando las condiciones iniciales: que dicen que $t = 0$ entonces $q(0) = 0$

$$q(t) = \frac{V\, C^2\, w\, R}{1 + (w\, C\, R)^2}\, e^{-\frac{t}{RC}} - V\, C\frac{w\, C\, R\cos(wt) - sen(wt)}{1 + (w\, C\, R)^2}$$

$$q(t) = \frac{V\, C}{1 + (w\, C\, R)^2}\left(C\, w\, R\, e^{-\frac{t}{RC}} - w\, C\, R\cos(wt) + sen(wt)\right)$$

Paso 4: Diseño de la simulación del sistema

Para simular la EDO:

$$R\frac{dq}{dt} + \frac{q}{C} = V\,sen(wt)$$

Procedemos de la siguiente manera:

- Se despeja la derivada de mayor orden
$$\frac{dq}{dt} = \frac{1}{R}\left(V\,sen(wt) - \frac{q}{C}\right)$$

Como la derivada de mayor orden es igual a la suma de dos términos, necesitaremos un sumador con dos entradas (+ -), cada término tiene coeficientes lo que implica el uso de dos multiplicadores o amplificadores, un término es la estrada o fuente alterna el otro está en función de la carga.

Abrir **Matlab**, y seleccionamos **simulink model** [5]:

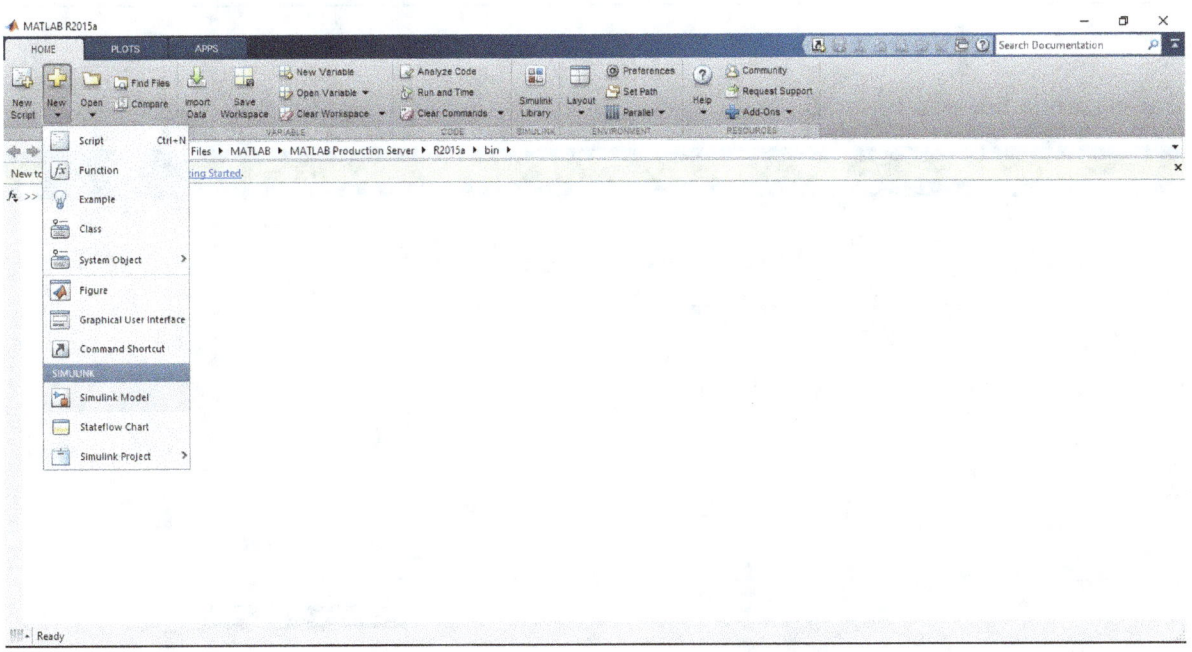

Se abre la ventana de simulink

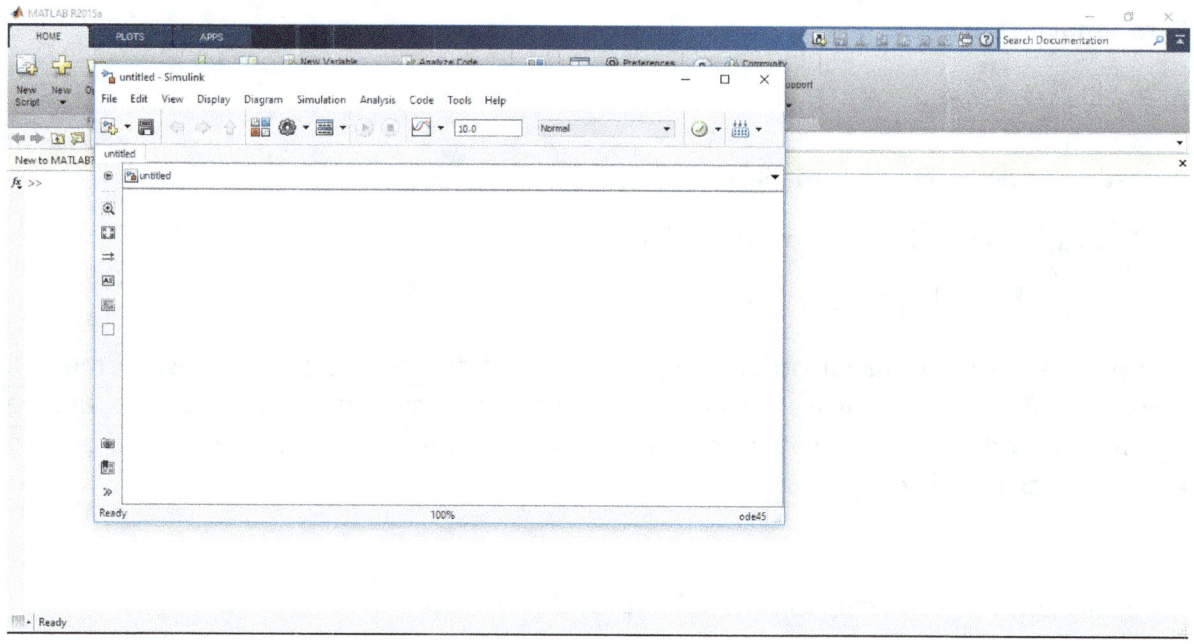

Dar clic en la librería de simulink

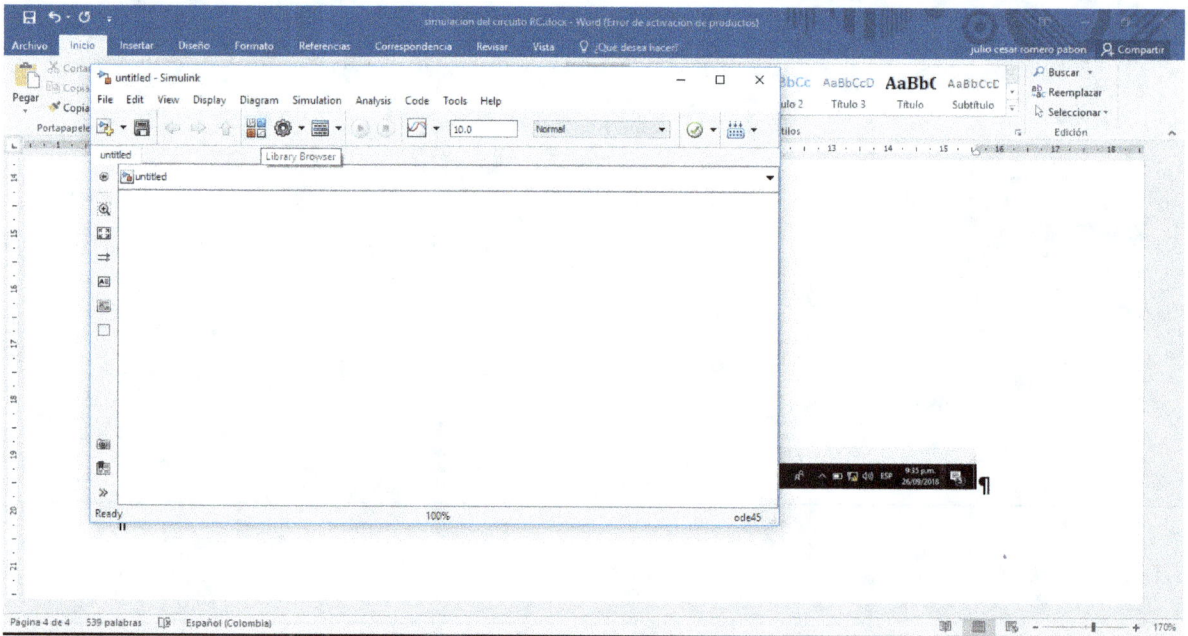

Librería de simulink

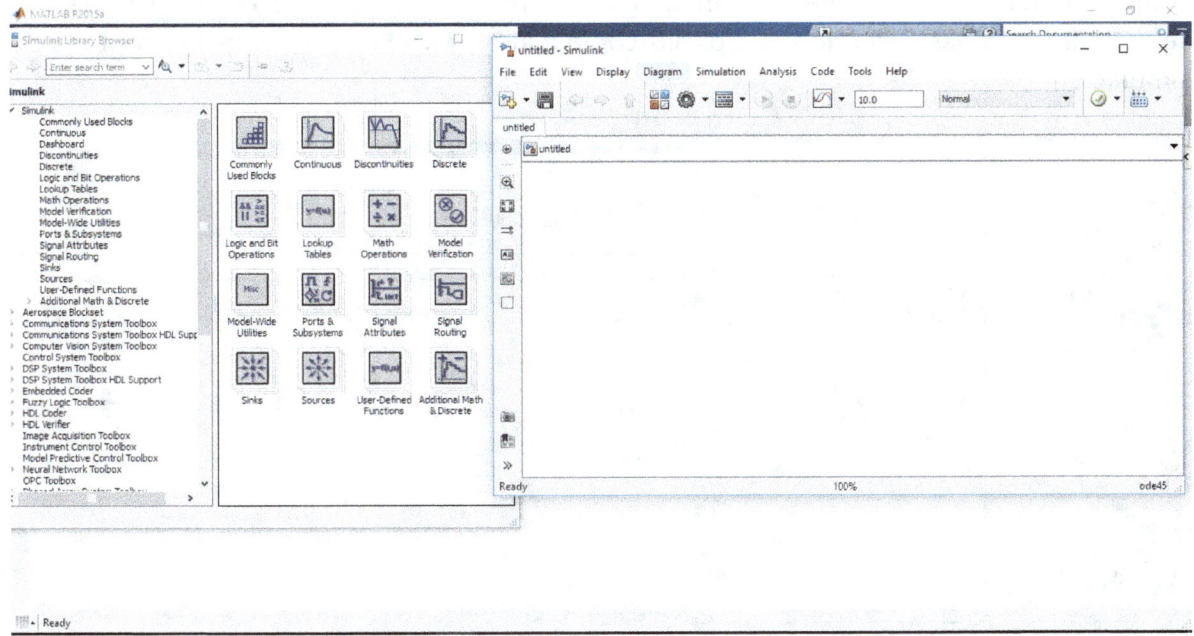

Escoger los elementos para la simulación de la librería: Primero seleccione la fuente de entrada y luego arrastre la fuente a la ventana de simulink.

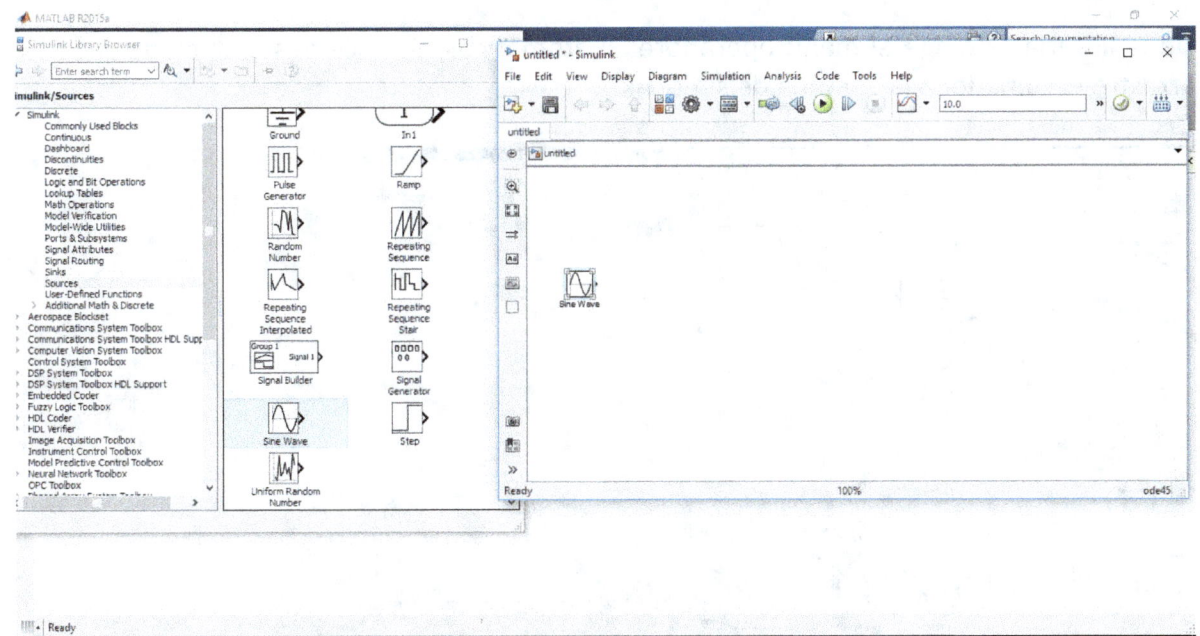

Seleccionar el elemento de salida, que ente caso será un osciloscopio, para ver el comportamiento gráfico del sistema. Para esto vamos a librería de simulink y seleccionamos sinks. Seleccionar el osciloscopio y arrastrar el osciloscopio a la ventana de simulación

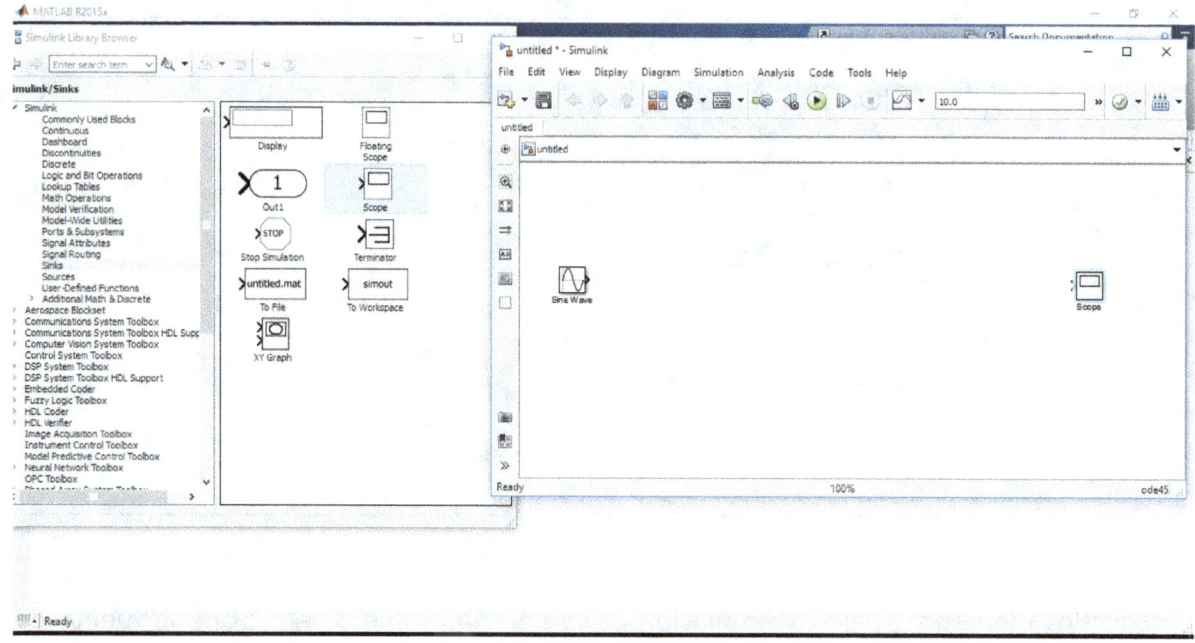

De la librería se dirige al menú operadores matemáticos, Selecciones el sumado o add y arrastre el sumador a la ventana de simulink.

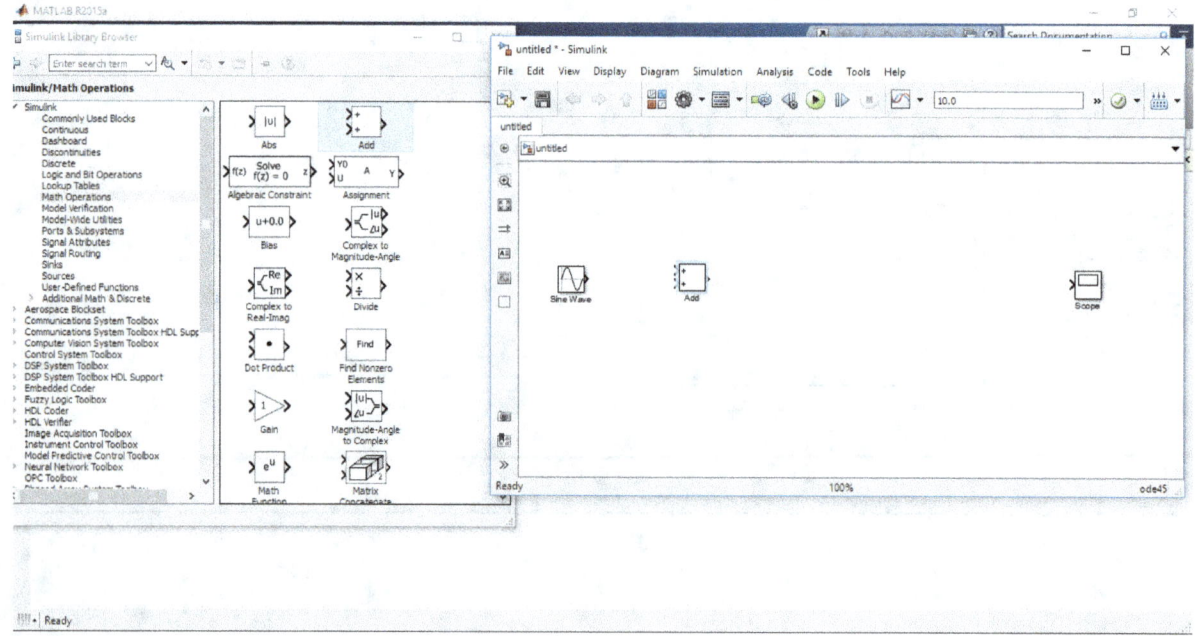

Dar dos clics en el sumador o add para configurarlo.

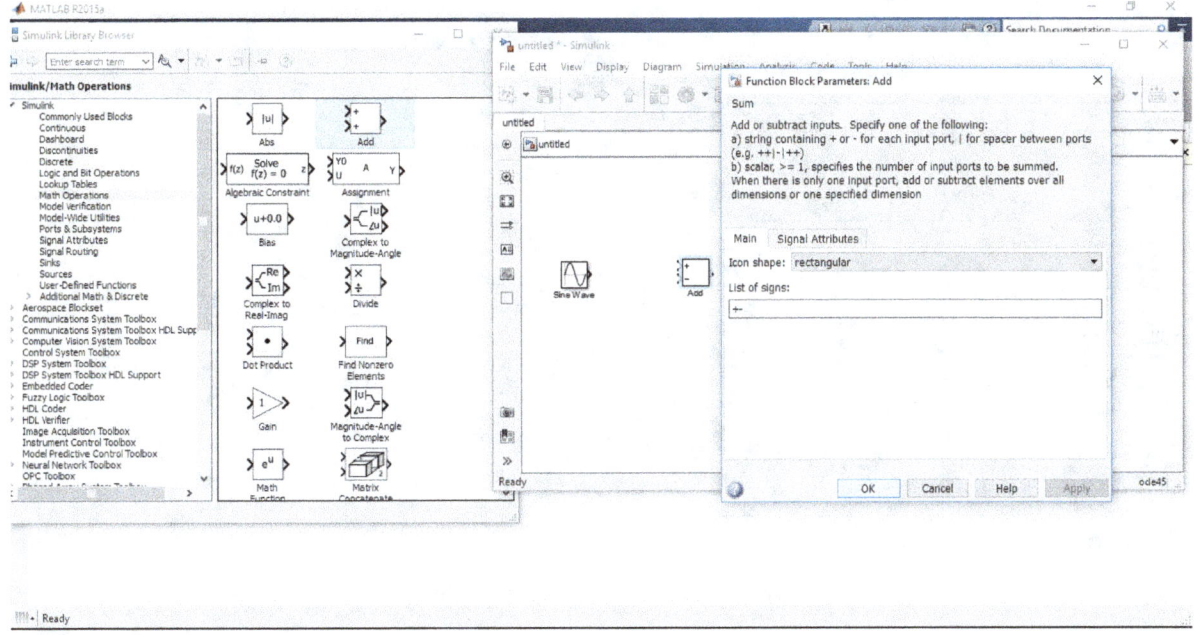

Se hacen los cambios y se le da ok para que surtan los cambios en los signos (+ -). Vaya a la librería del menú continuos. Seleccionamos el elemento integrador y arrástrelo a la ventana de simulink.

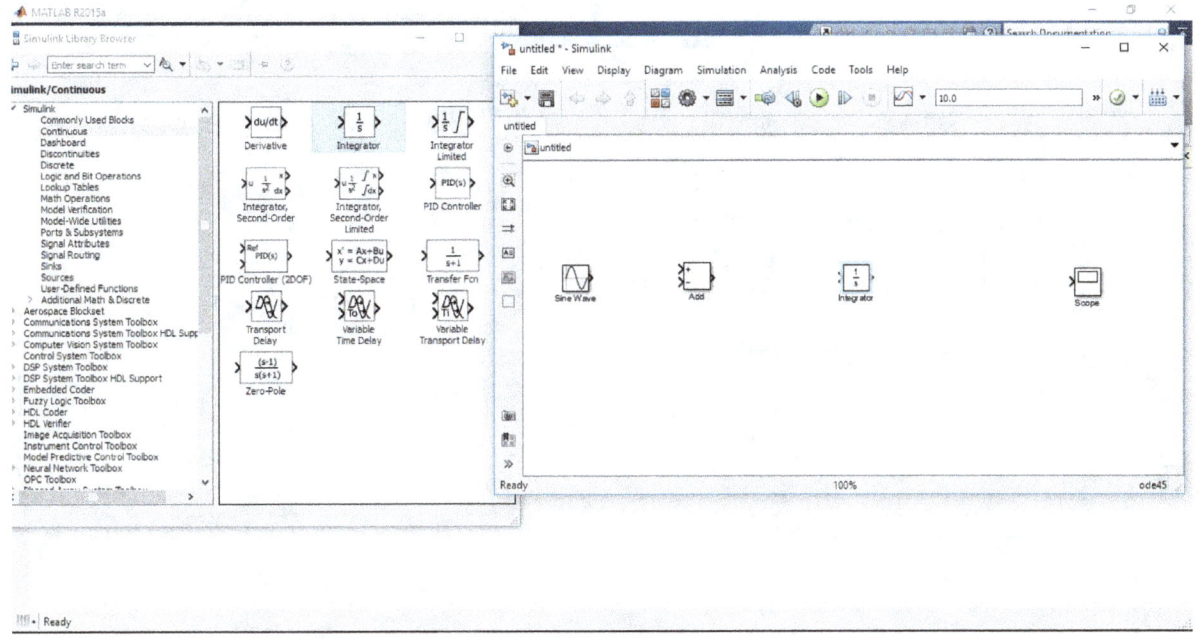

Ahora trace las líneas de las variables o términos. Primero trace la línea de la fuente al sumador, para esto de clic sostenido al inicio de la fuente y la une con el final del sumador.

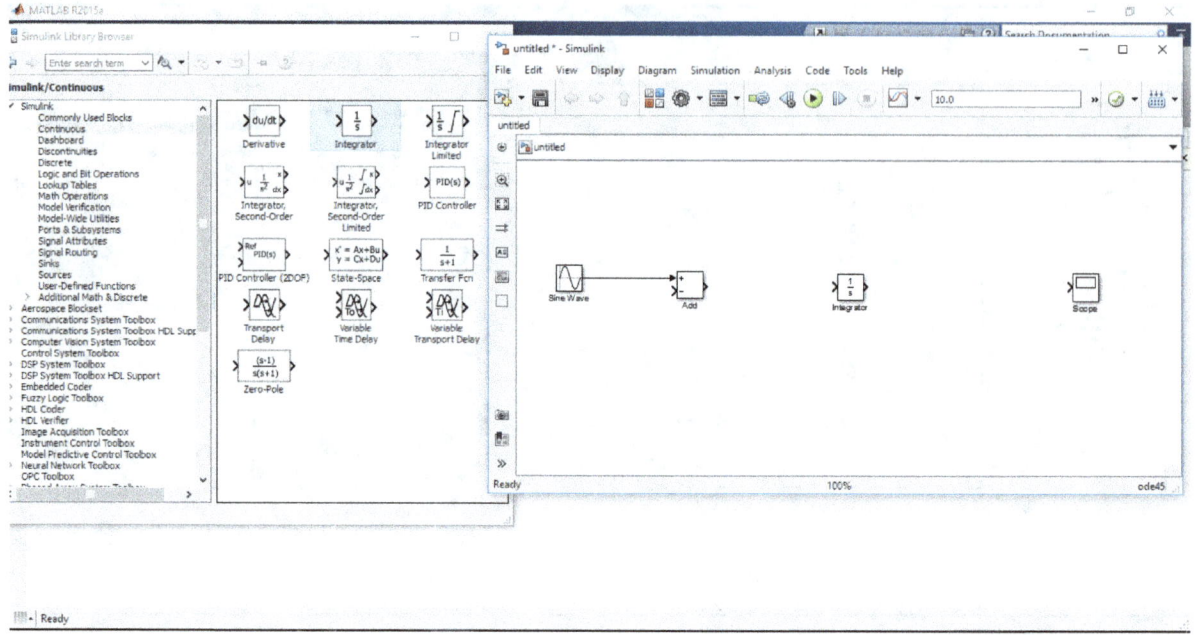

Trace la línea que va desde la salida del sumador hasta la entrada del integrador. Esta línea indica la variable $\dfrac{dq}{dt}$

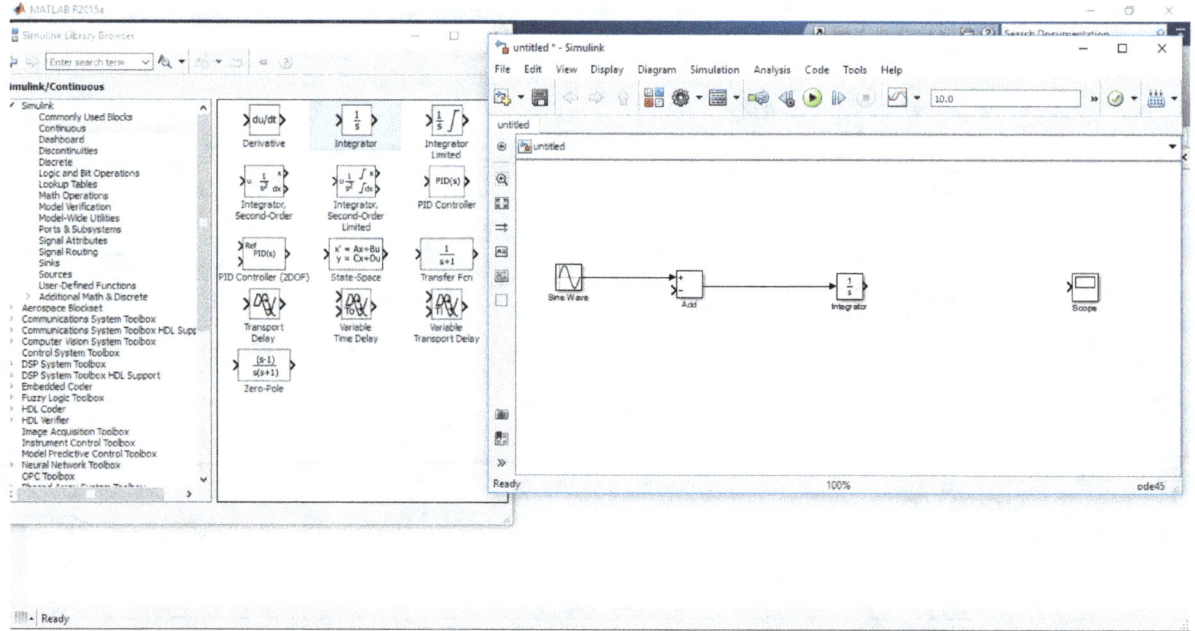

Trace la línea que va desde la salida del integrador hasta la entrada del sumador. Esta línea indica la variable q

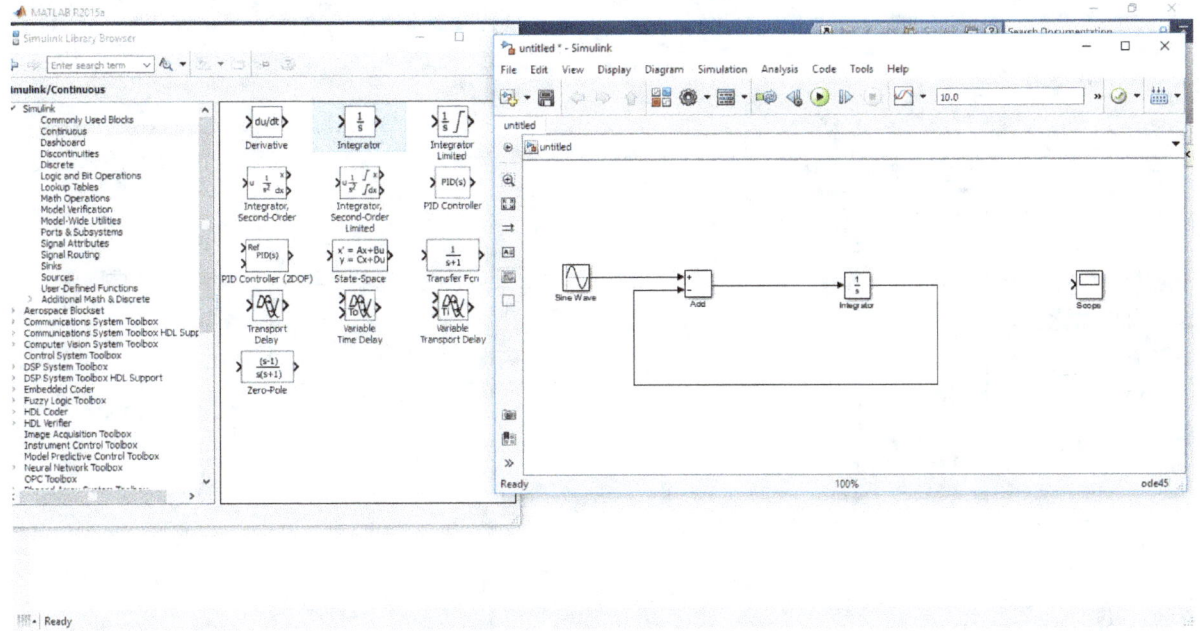

Identifique las variables, haciendo dos clics rápidos al lado de cada línea para poder escribir.

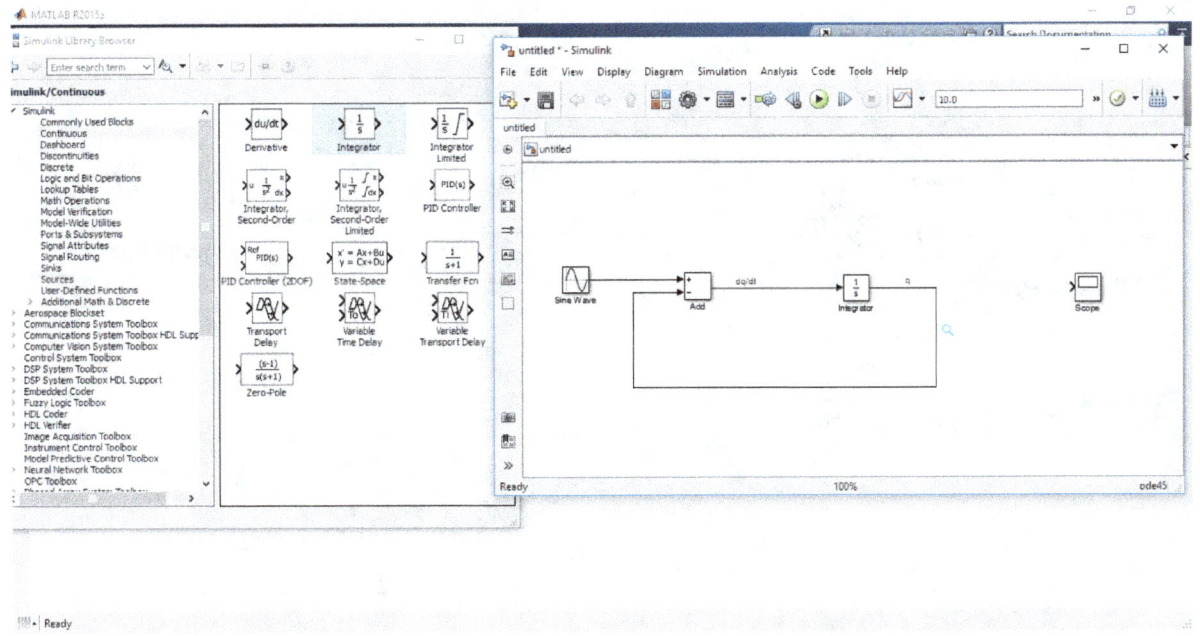

Ahora coloque los multiplicadores (gain) o coeficientes del sistema, vaya a la librería, busques el menú operadores matemáticos. Seleccione el elemento gain y arrástrelo a la ventana de simulink, estos son los multiplicadores o ganadores a las líneas o variables. Identifique los multiplicadores o gain, para esto haga clic en los nombres y lo cámbielos por los del sistema.

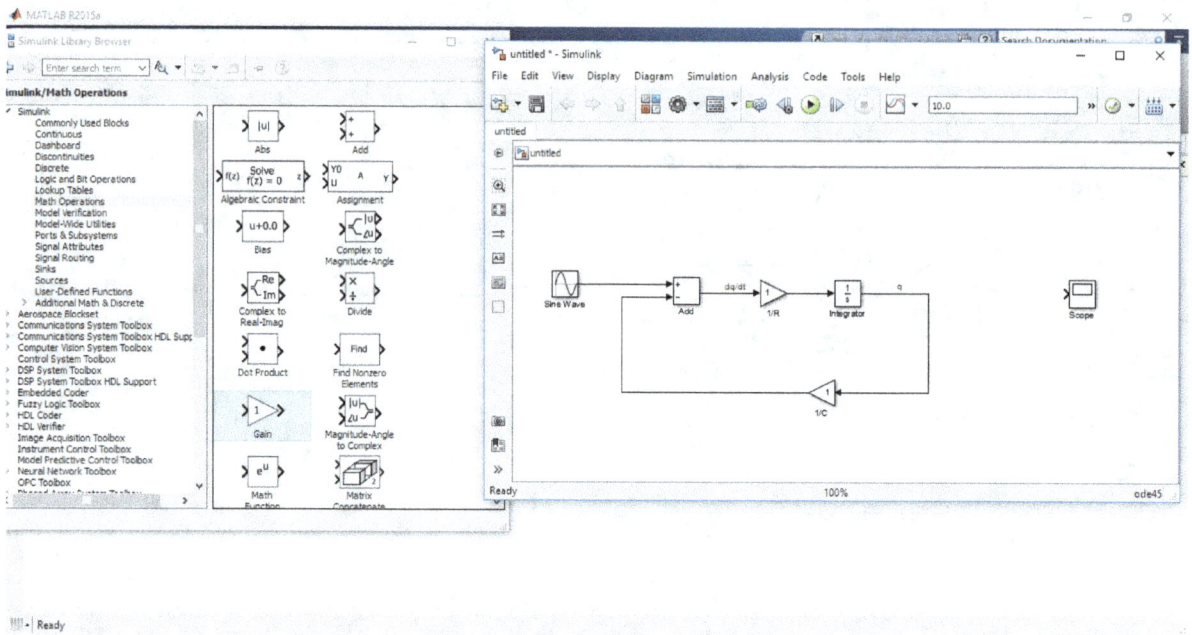

Por último, conectes el osciloscopio al sistema

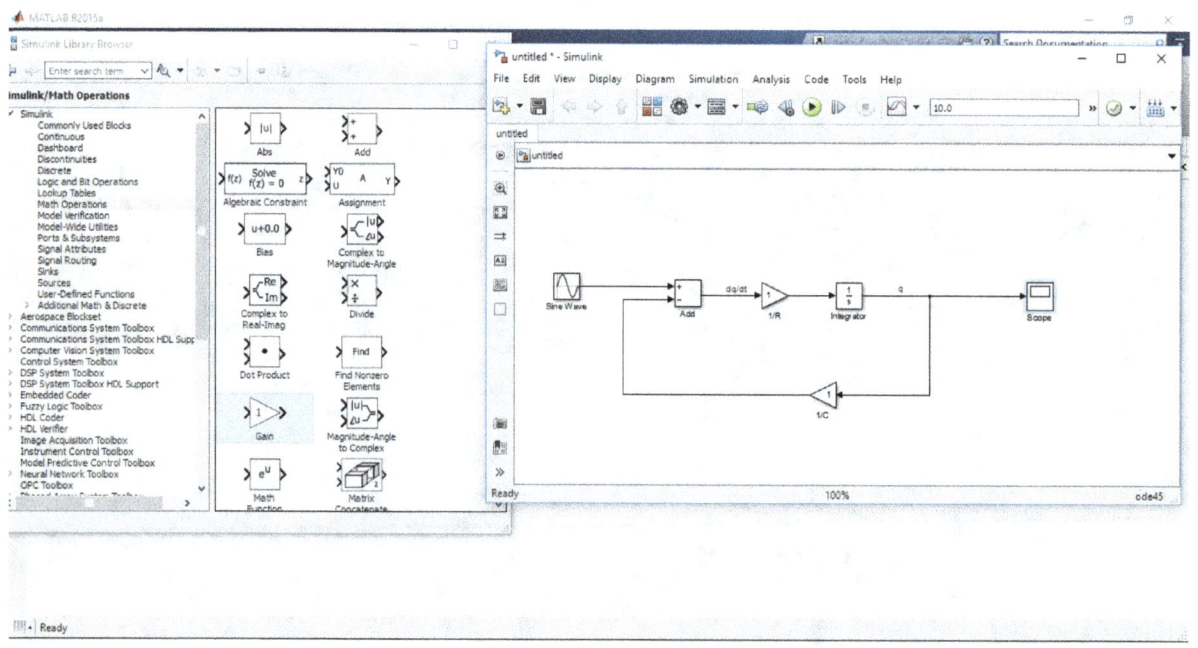

Para aplicar la simulación a cada una de las siguientes situaciones es necesario introducir los parámetros en los elementos del simulador.

Para el caso 1) Se tiene que:

R = 100 Ω, C= 720 µf, Vf = 120 sen(wt) con f = 60 Hz, t = [0, 10] con h=0,2

Configure el valor de R, para esto de dos clics en el elemento de la Resistencia.

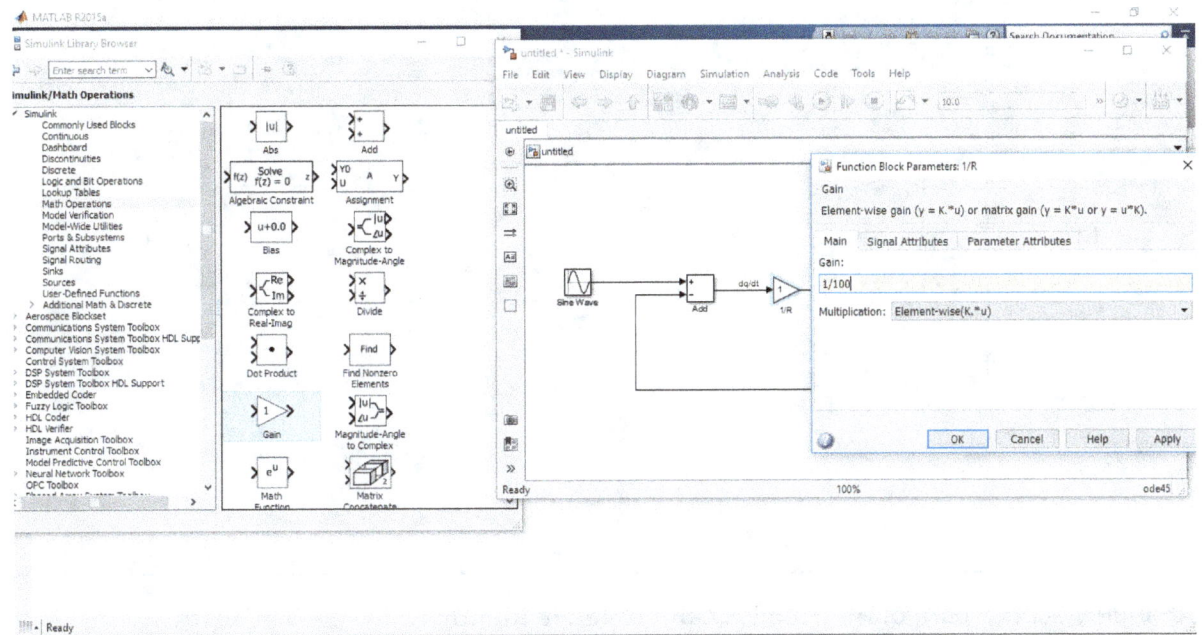

Aplicar y aceptar para que surtan los cambios en el multiplicador de la resistencia.

Para configurar el valor de C=720 µf=720*10^-6, haga dos clics en el elemento del capacitor.

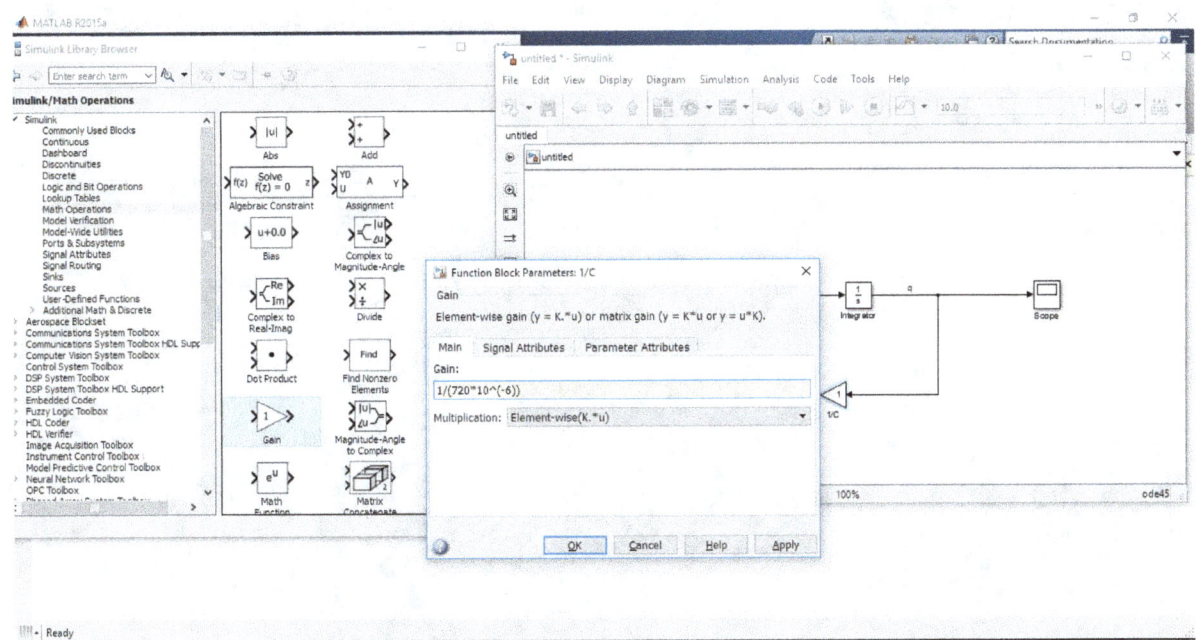

Aplique y acepte para que surtan los cambios en el multiplicador.

Por últimos configure la fuente, Vf = 120 sen(wt), de dos clics en la fuente, en amplitud digite 120, en la frecuencia escriba 2*pi()*60.

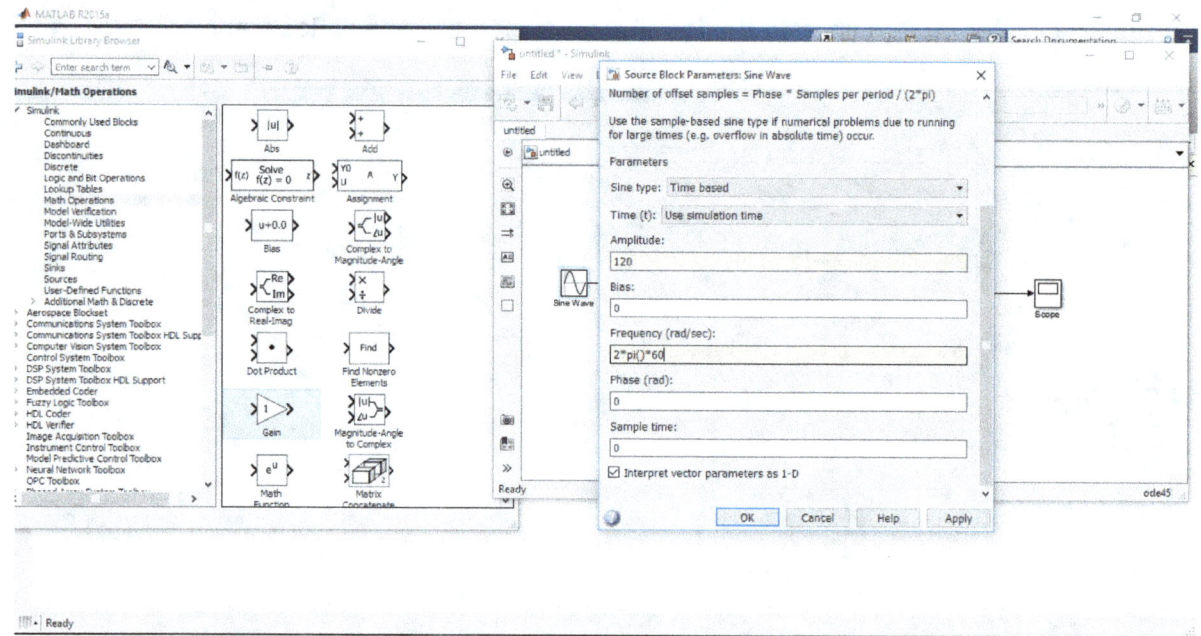

Aplique y acepte para que surtan los cambios en la fuente.

Para correr la simulación haga clic en el play del multiplicador.

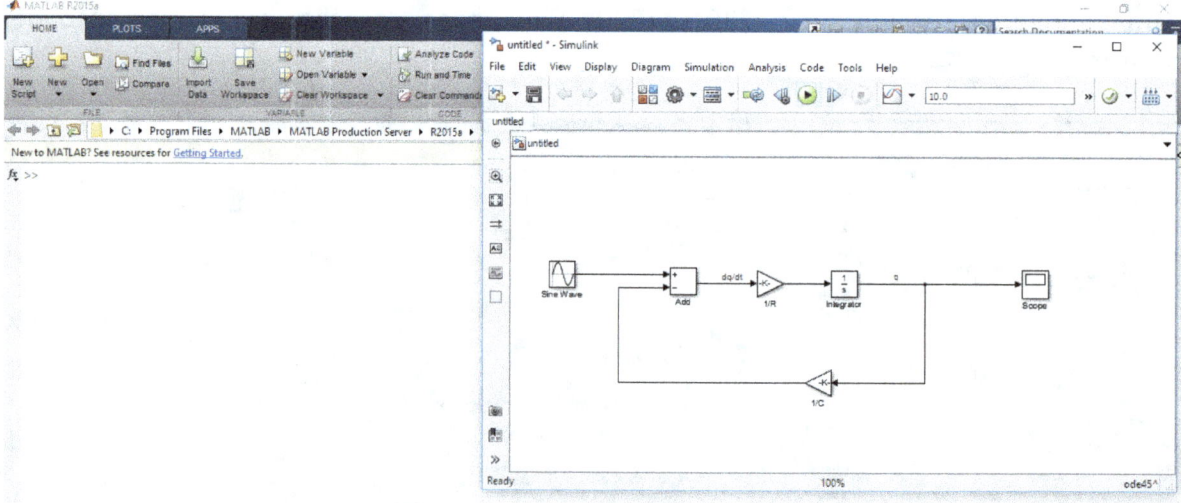

Una vez corrida la simulación de dos clics en el osciloscopio.

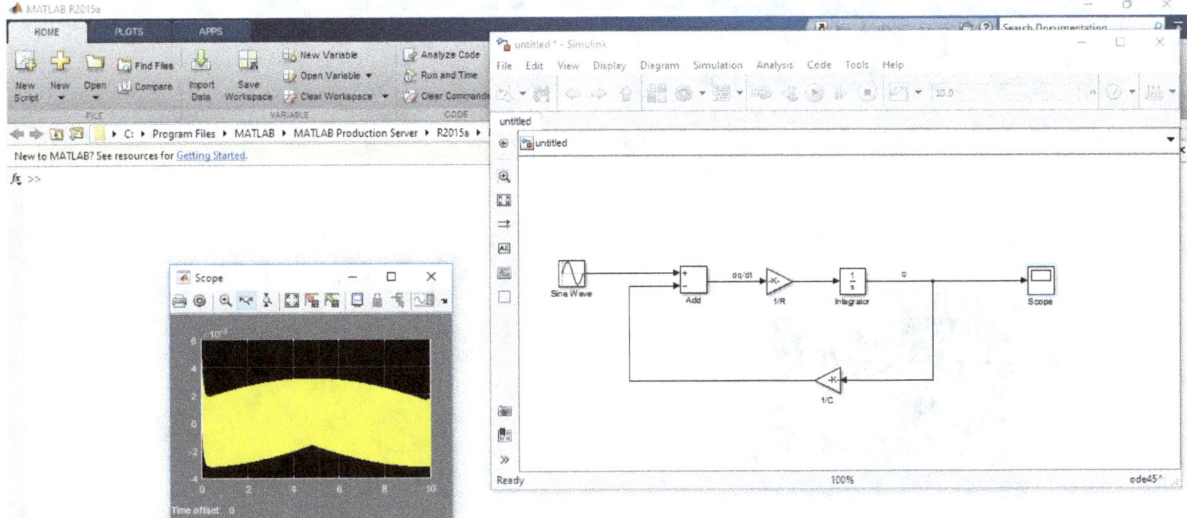

Amplie el osciloscopio.

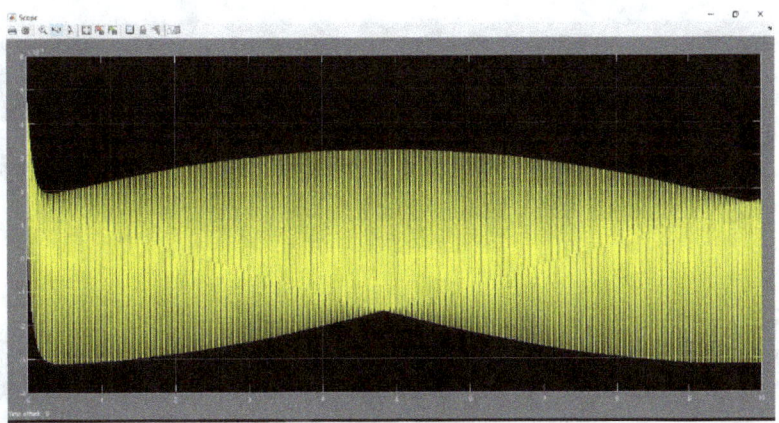

Se puede apreciar el comportamiento de la salida en el sistema que en este caso es la carga acumulada en el condensador. Para guardar los datos de tiempo y carga de la simulación vaya al menú de la ventana del osciloscopio, y haga clic en parámetros.

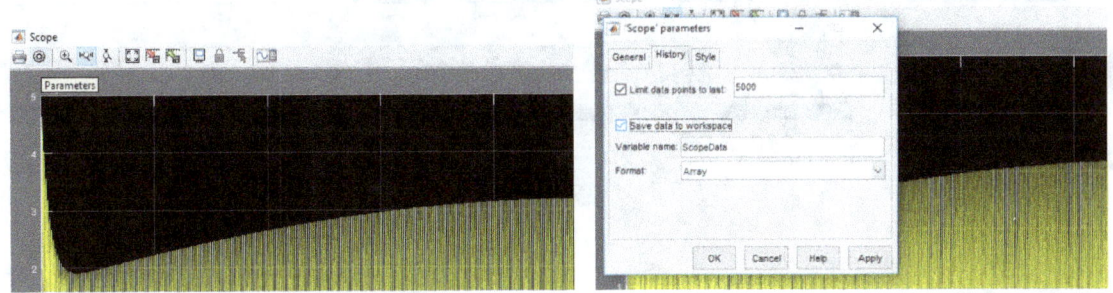

Active en la pestaña de historial la opción **save data to workspace,** Corra nuevamente la simulación

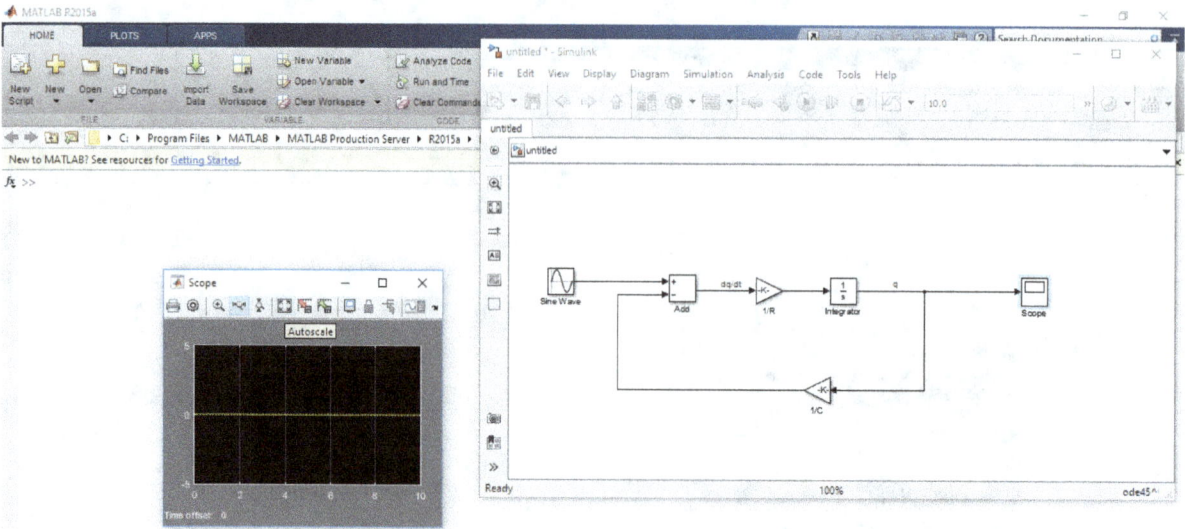

Haga clic en auto escala en el osciloscopio y amplié la ventana.

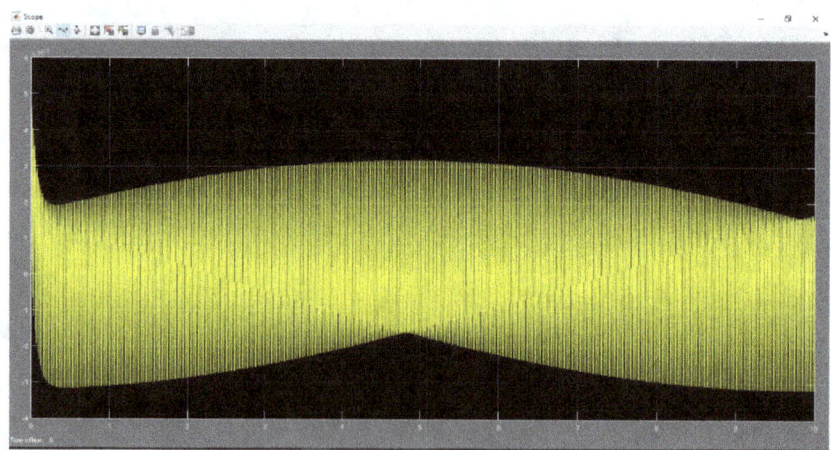

Los datos los puede ver ahora en la ventana de workspace, para verlos haga lo siguientes pasos: Seleccione workspace.

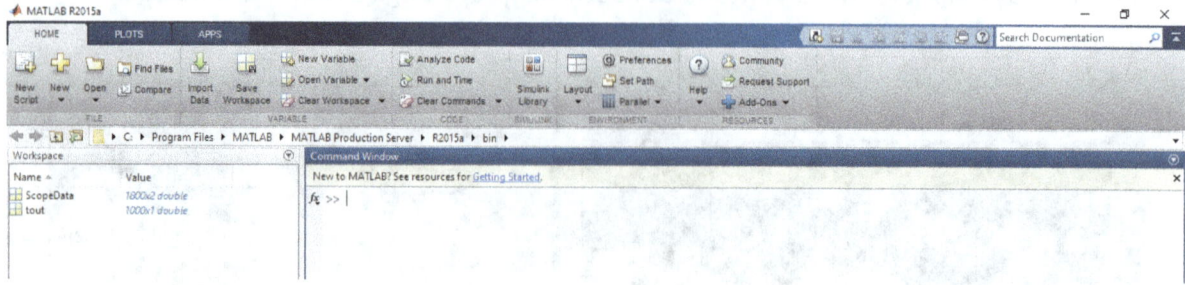

Haga clic en la variable ScopeData.

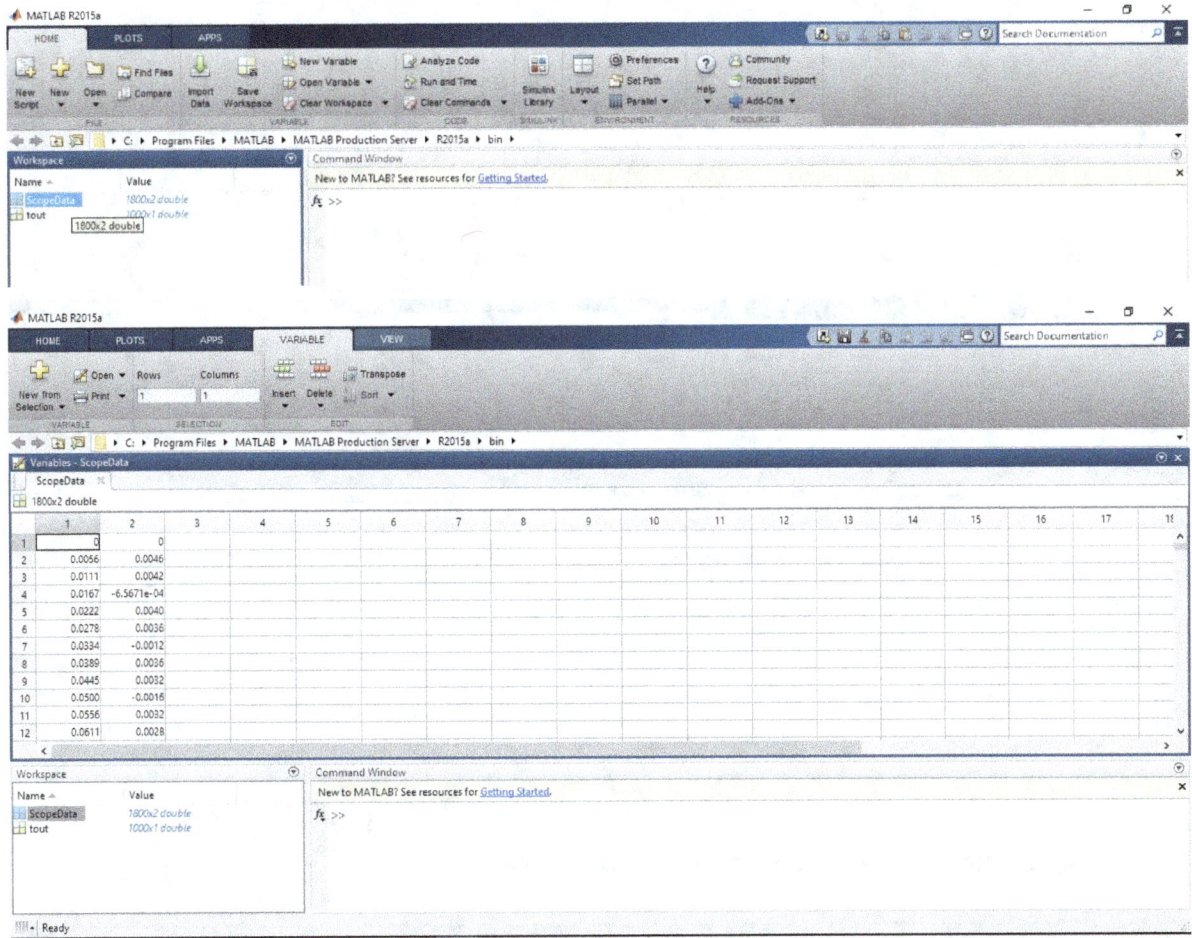

La primera columna es el tiempo, y la segunda es la carga. Puede seleccionar los datos y llevarlos a Word, Excel o Matlab.

Para cambia el salto en t haga los siguientes pasos:

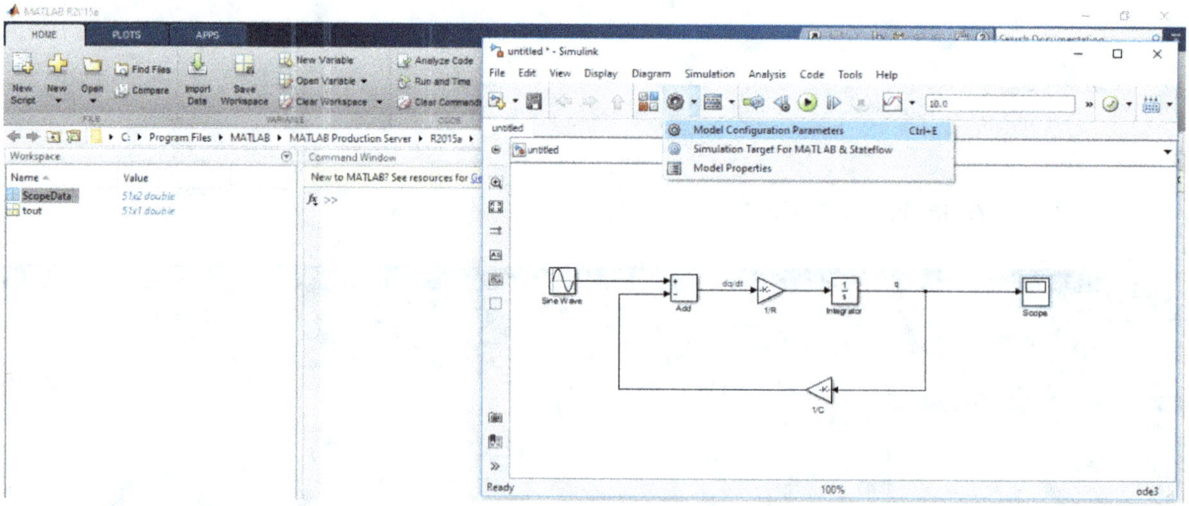

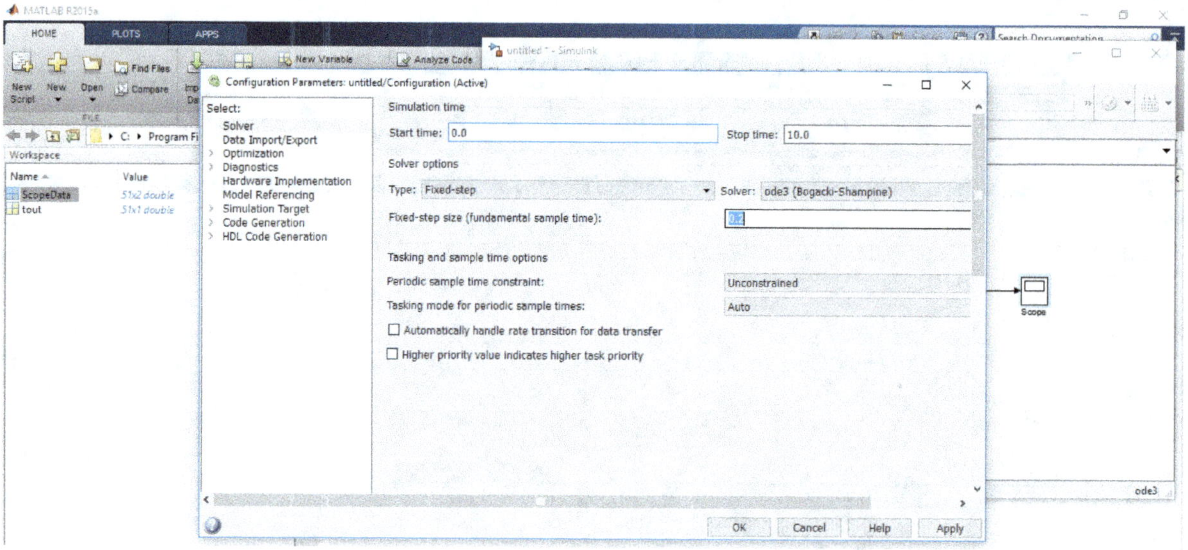

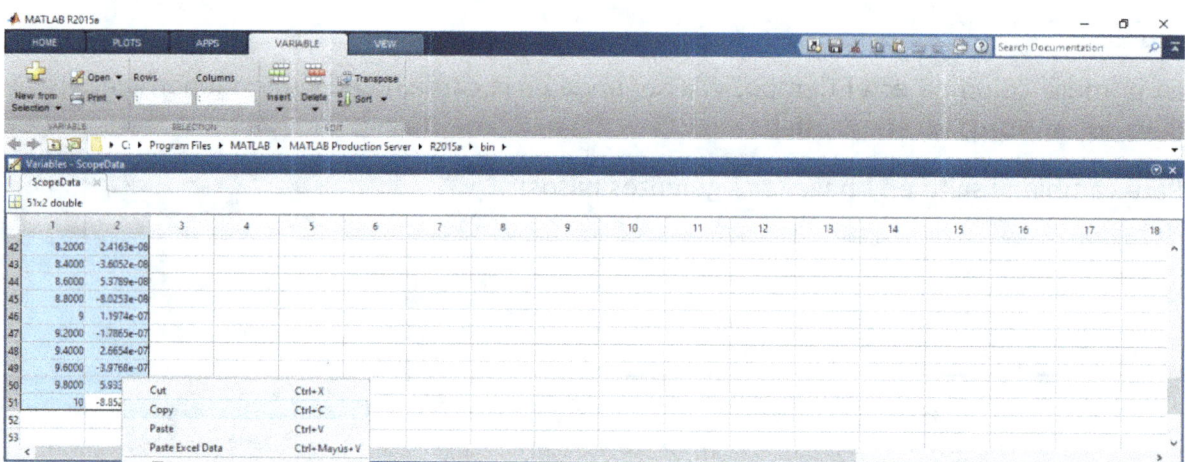

Corra la simulación y observe los datos en workspace.

Los datos son:

t	q(t)
0	0
0,2	7,32E-16
0,4	-3,01E-15
0,6	5,98E-15
0,8	-4,99E-15
1	4,63E-15
1,2	-2,46E-14
1,4	3,87E-14
1,6	-5,03E-14
1,8	6,37E-14
2	-1,01E-13
2,2	1,26E-13
2,4	-1,95E-13
2,6	3,01E-13
2,8	-4,70E-13
3	6,95E-13
3,2	-1,10E-12
3,4	1,62E-12
3,6	-2,44E-12
3,8	3,61E-12
4	-5,43E-12
4,2	8,08E-12
4,4	-1,21E-11
4,6	1,80E-11
4,8	-2,68E-11
5	4,01E-11

t	q(t)
5,2	-5,98E-11
5,4	8,92E-11
5,6	-1,33E-10
5,8	1,99E-10
6	-2,96E-10
6,2	4,42E-10
6,4	-6,60E-10
6,6	9,84E-10
6,8	-1,47E-09
7	2,19E-09
7,2	-3,27E-09
7,4	4,88E-09
7,6	-7,28E-09
7,8	1,09E-08
8	-1,62E-08
8,2	2,42E-08
8,4	-3,61E-08
8,6	5,38E-08
8,8	-8,03E-08
9	1,20E-07
9,2	-1,79E-07
9,4	2,67E-07
9,6	-3,98E-07
9,8	5,93E-07
10	-8,85E-07

3.2.2 Simulacion de un sistema mecanico masa-resorte-amortiguador con fuerza externa variable.

Consideremos el sistema dinámico compuesto por los elementos: masa del cuerpo, fuerza elástica o resorte, fuerza de amortiguación y una fuerza externa variable [6]. Ver la siguiente figura.

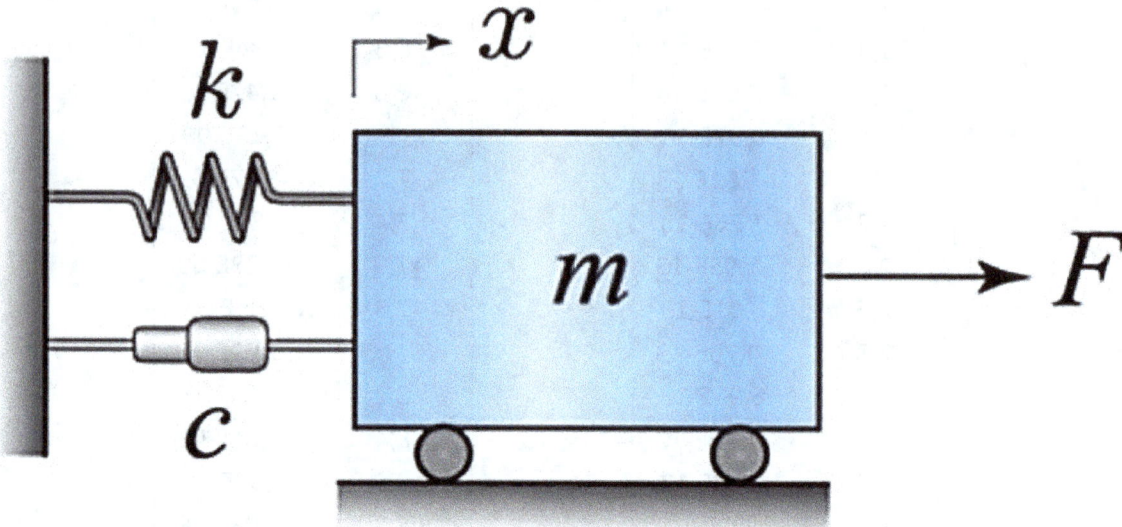

Figura. Sistema Mecánico: Masa-Resorte-Amortiguador y Fuerza externa

Para analizar este sistema dinámico es necesario realizar los siguientes pasos:

1) Estudio cualitativo de las leyes que rigen el sistema.
2) Ecuación diferencial que gobierna el sistema
3) Solución de la ecuación diferencial.
4) Diseñar el sistema en simulink.
5) Simular el sistema con la siguiente información:
   a. K = 1, c = 1, m=1 y F= sen(t)
   b. K = 5, c = 10, m=30 y F= 5 sen(t)
   c. K = 10, c = 5, m=30 y F= 5 sen(t)
   d. K = 7, c = 4, m=15 y F= 10 sen(2*t)
   e. K = 3, c = 1, m=12 y F= 15 sen(3*t)

- **Estudio cualitativo de las leyes que rigen el sistema.**

El diagrama del cuerpo libre es:

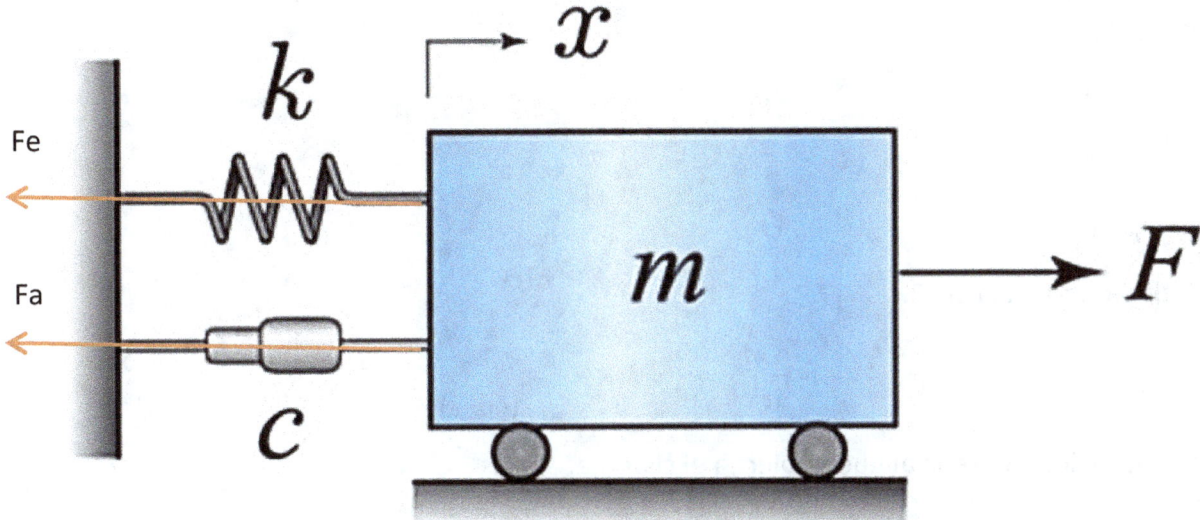

Dónde:

F_e Es la fuerza elástica del resorte, dada por la Ley de Hooke.

$F_e = -k\,x$

F_a Es la fuerza del amortiguador que está dada por:

$F_a = -c\,v$

F Es la fuerza externa dada por:

Sumando los vectores fuerza tenemos:

$$\sum F_T = F_a + F_e + F \quad \text{(ec. 1)}$$

Como $\sum F_T = m\,a$

$m\,a = -c\,v - k\,x + F$

$$m\,a + c\,v + k\,x = F \quad \text{(ec. 2)}$$

- **Ecuación diferencial que gobierna el sistema**

Se puede apreciar que las variables dependientes del tiempo son:

$$a = \frac{dv}{dt} = \frac{d^2x}{dt^2}$$

$$v = \frac{dx}{dt}$$

$$F = F(t)$$

Sustituyendo en la ec. 2.

$$m\frac{d^2x}{dt^2} + c\frac{dx}{dt} + k\ x = F$$

(ec. 3)

Es la ecuación diferencial que gobierna el sistema.

- **Solución de la ecuación diferencial.**

Para solucionar la ecuación 3, se proponen la siguiente solución:

$$x(t) = x(t)_h + x(t)_p$$

Donde

$x(t)_h$ es la solución homogénea.

$x(t)_p$ es la solución particular.

Resolviendo tenemos la ecuación homogénea tenemos:

$$m\frac{d^2x}{dt^2} + c\frac{dx}{dt} + k\ x = 0$$

$$x(t)_h = c_1\,e^{-\frac{1}{2}\frac{c - \left(c^2 - 4\,k\,m\right)^{\frac{1}{2}}}{m}t} + c_2\,e^{-\frac{1}{2}\frac{c + \left(c^2 - 4\,k\,m\right)^{\frac{1}{2}}}{m}t}$$

Resolviendo tenemos la ecuación no homogénea para el caso $F(t) = sen(t)$ tenemos:

$$m\frac{d^2x}{dt^2} + c\frac{dx}{dt} + k\ x = sen(t)$$

Proponemos a

$$x(t)_p = A\sin(t) + B\cos(t)$$

$$x(t)_p = \frac{k - m}{c^2 + k^2 - 2\,k\,m + m^2}\sin(t) + \frac{c}{c^2 + k^2 - 2\,k\,m + m^2}\cos(t)$$

Luego la solución general de la ec. 3 es:

$$x(t) = c_1\,e^{-\frac{1}{2}\frac{c - \left(c^2 - 4\,k\,m\right)^{\frac{1}{2}}}{m}\,t} + c_2\,e^{-\frac{1}{2}\frac{c + \left(c^2 - 4\,k\,m\right)^{\frac{1}{2}}}{m}\,t} + \frac{k - m}{c^2 + k^2 - 2\,k\,m + m^2}\sin(t) + \frac{c}{c^2 + k^2 - 2\,k\,m + m^2}\cos(t)$$

- **Diseñar el sistema en simulink**

Abra Matlab, y en la línea de comando llamamos a simulink.

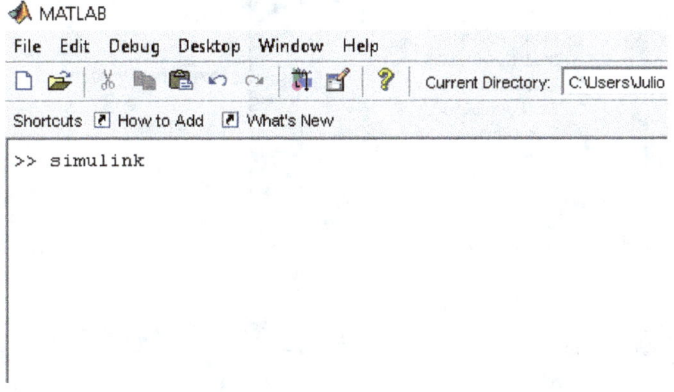

Se mostrará la librería de simulink.

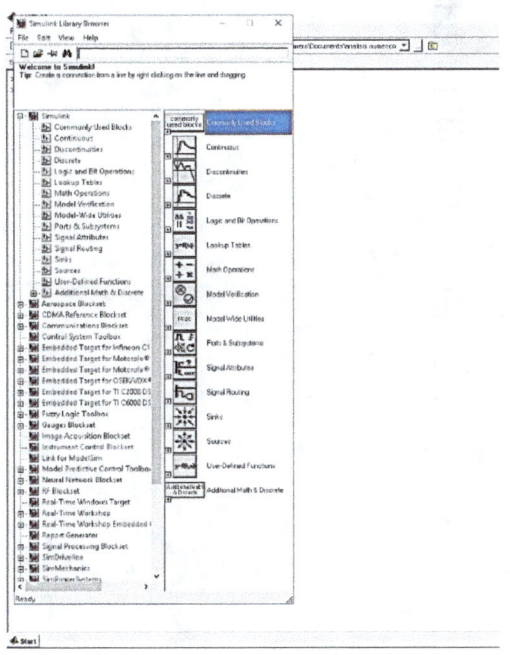

Haga clic en nuevo.

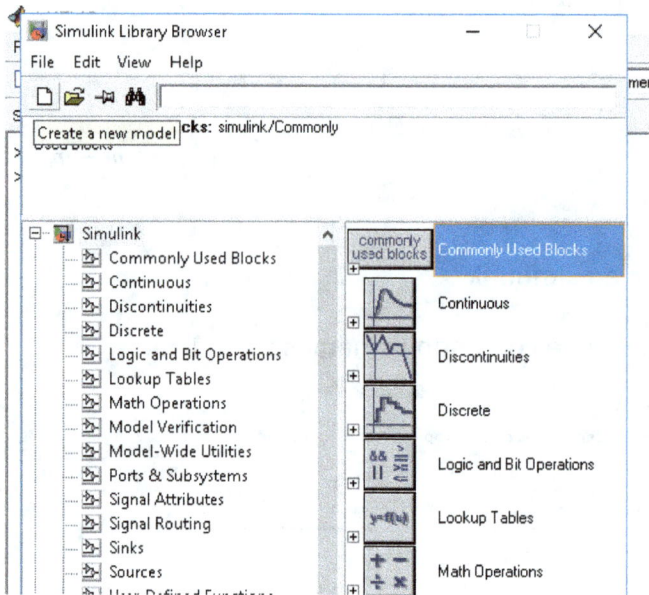

Le aparece la ventana de simulación.

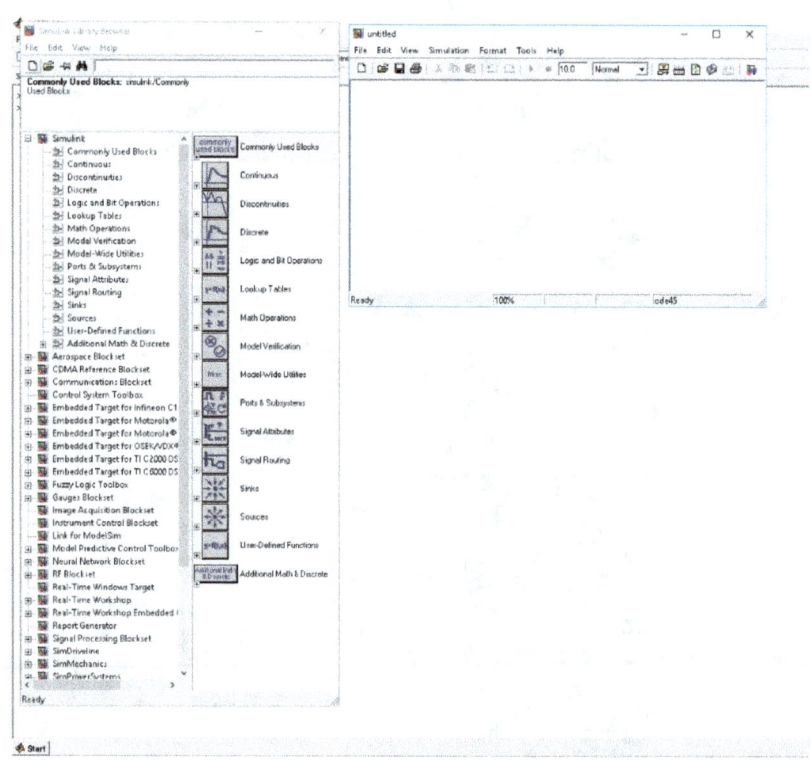

Busque los elementos que necesite para simular la EDO. $m\dfrac{d^2x}{dt^2} + c\dfrac{dx}{dt} + k\,x = sen(t)$

Despeje la derivada de mayor orden, esto es:

$$\frac{d^2x}{dt^2} = \frac{1}{m}\left(-c\frac{dx}{dt} - k\,x + sen(t)\right)$$

Se puede ver que la ecuación para ser simulada requiere de los siguientes objetos

- Un sumador que contendrá (Dos restas y una suma).
- Tres multiplicadores o amplificadores constantes.
- Una fuente de externa en forma de senoidal.

Busque la fuente y arrástrela hasta la ventana de simulación.

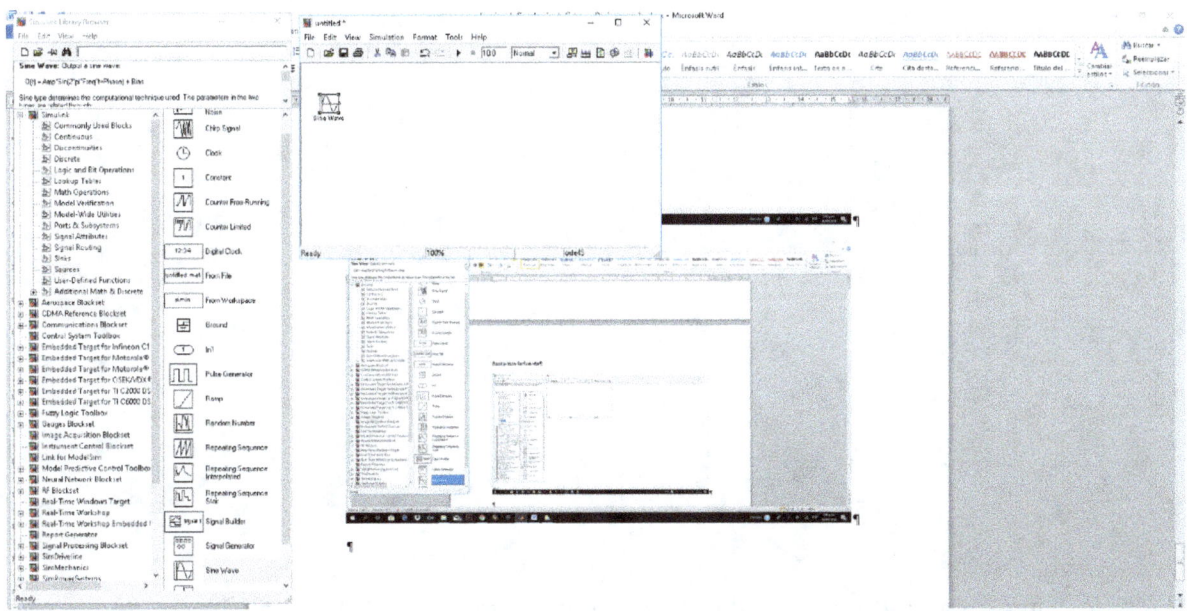

Busque un elemento de salida, como es el osciloscopio, haga clic en sinks y seleccione el osciloscopio, arrástrelo al simulador.

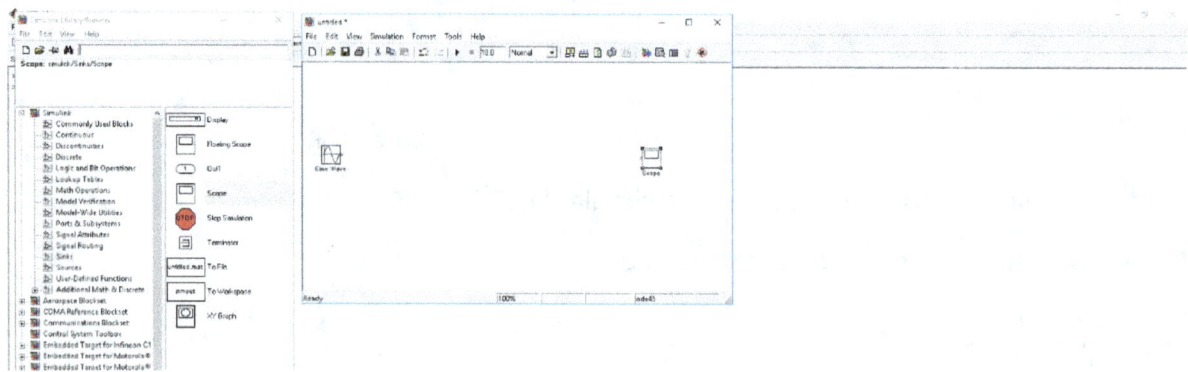

Busque un bloque sumado, para esto vaya al menú de operadores matemáticos. Selecciones el sumador y arrástrelo al simulador.

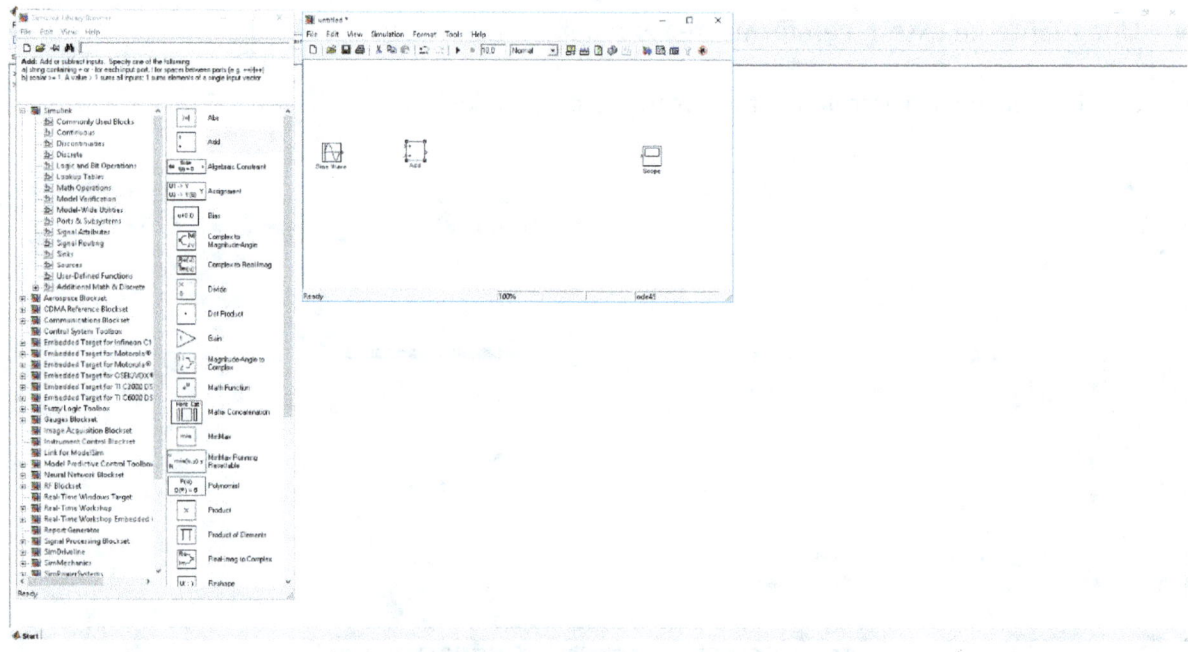

Haga dos clics en add. Programe el sumador para el sistema. Dele ok al cuadro de dialogo del sumador o add y le queda de la forma:

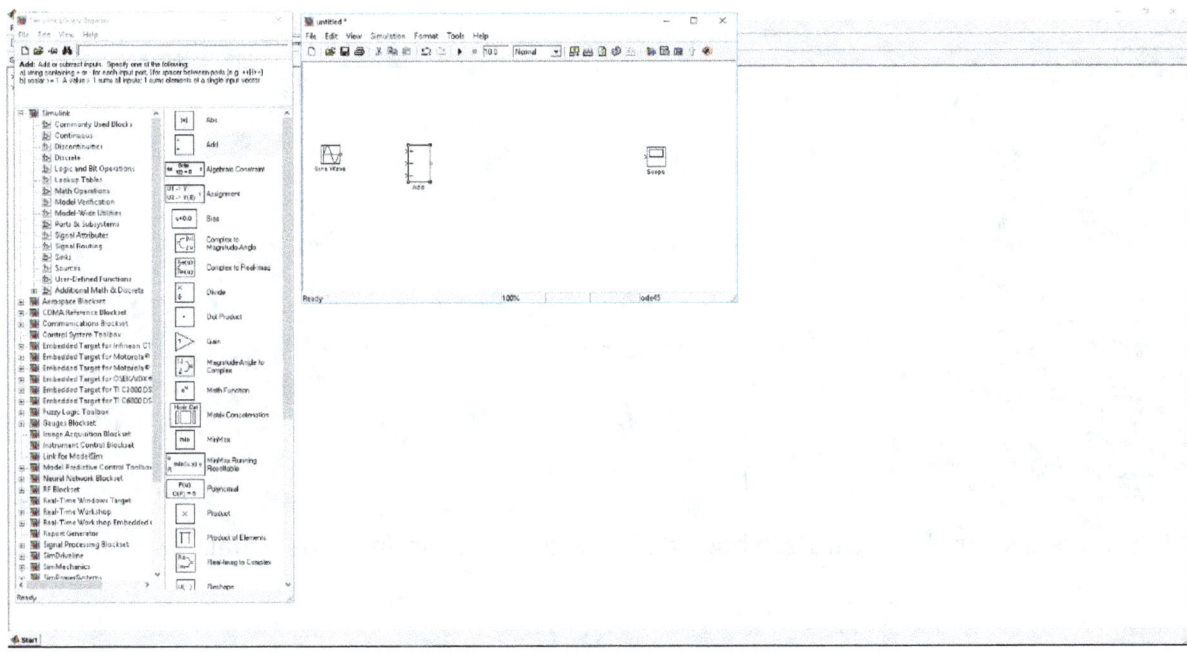

Como la ecuación es de segundo orden necesita dos integradores continuos, para esto vaya al menú continuo. Seleccione los integradores y los arrástrelos al simulador.

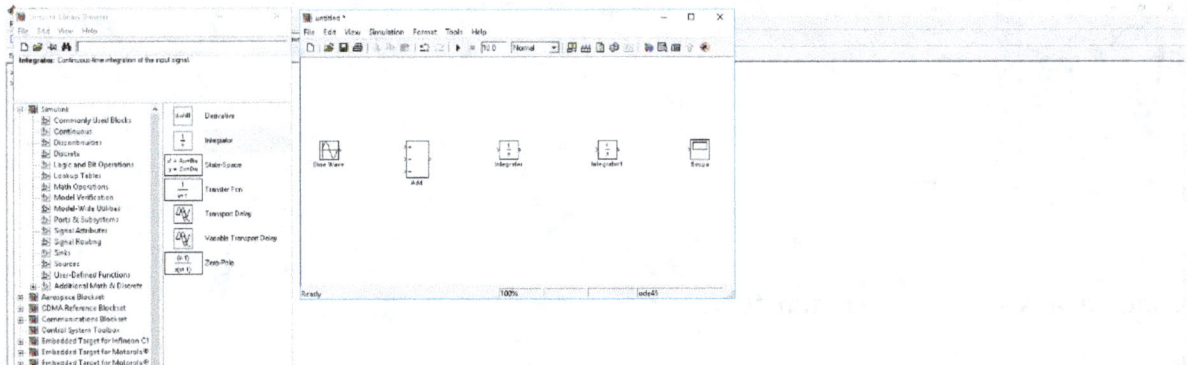

Una los elementos para identificar las variables, para esto de clic sostenido al inicio hasta llegar al final de cada elemento.

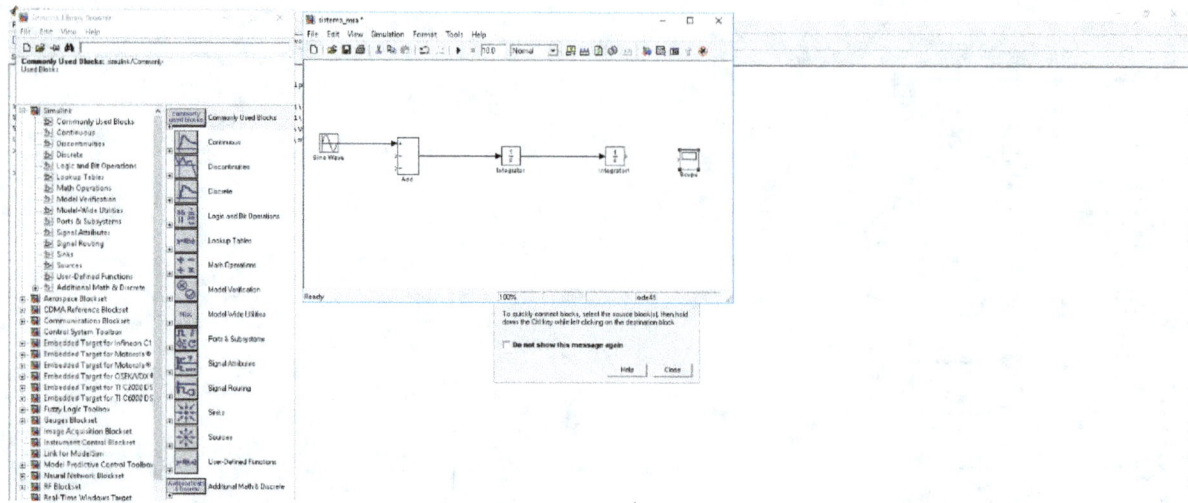

Identifique las variables, para eso haga dos clics cerca de las líneas de señal.

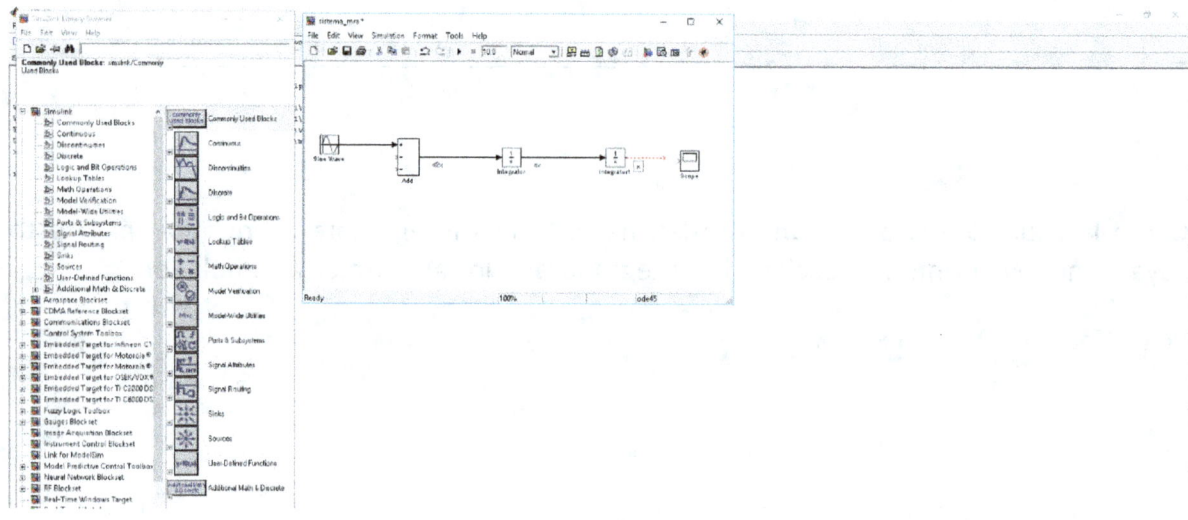

Conecte las variables con el sumador.

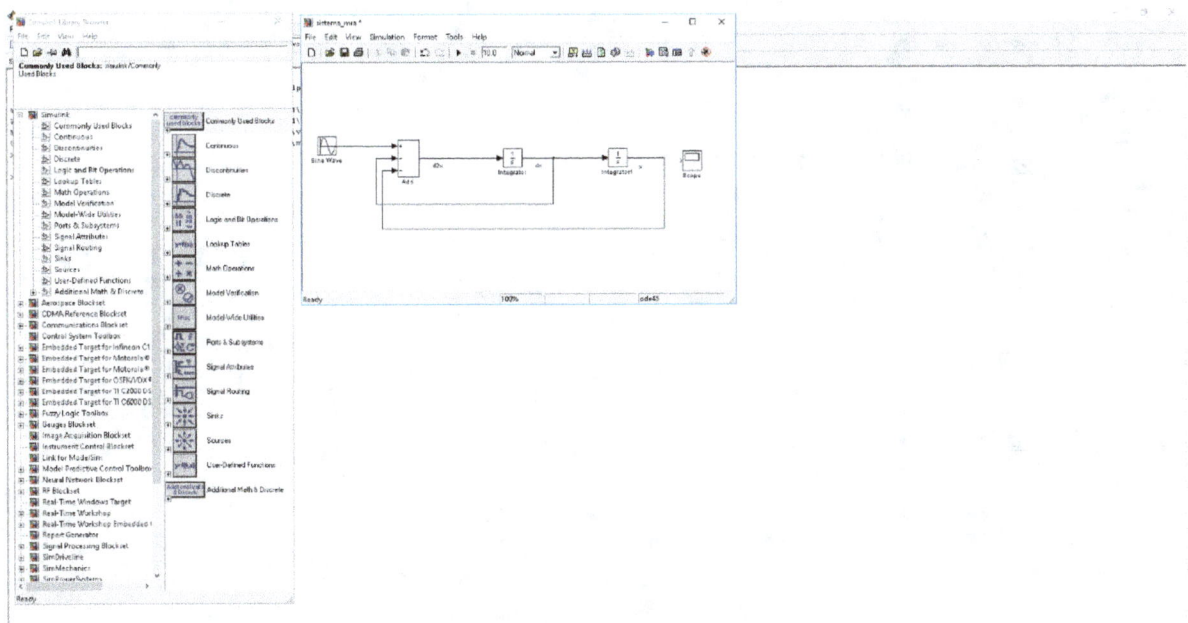

Multiplique cada salida por su factor, para ello vaya menú de operadores matemáticos. Escoja el de ganancia, arrástrelo hasta llegar a línea del factor. Identifique cada factor haciendo dos clics sobre su nombre.

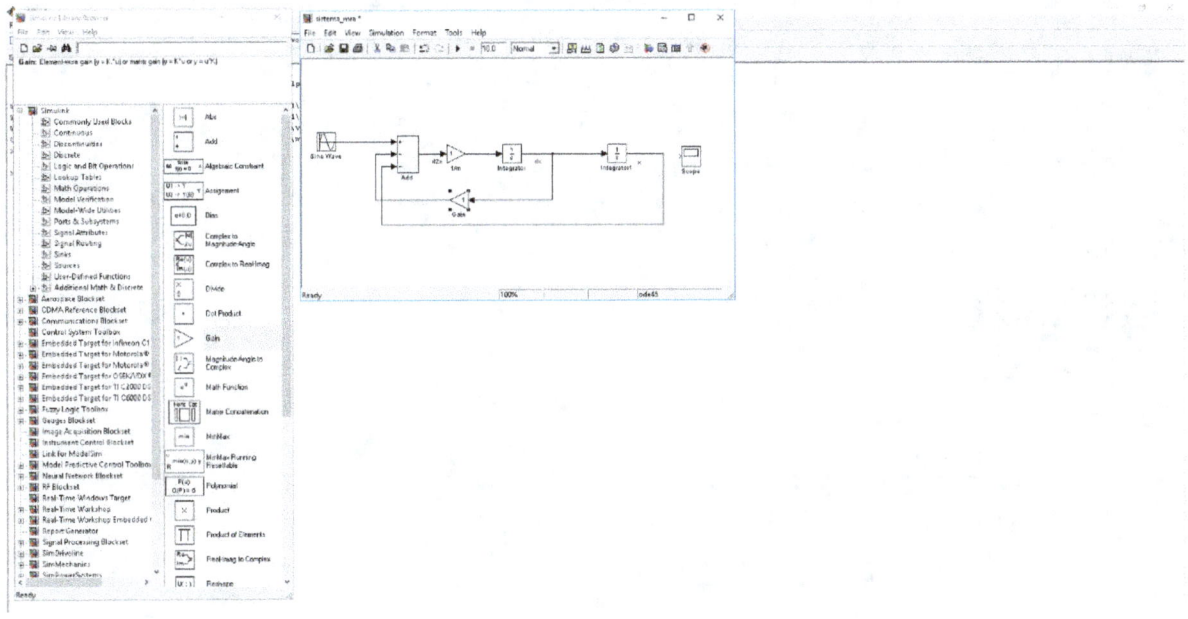

Identifique el factor de velocidad.

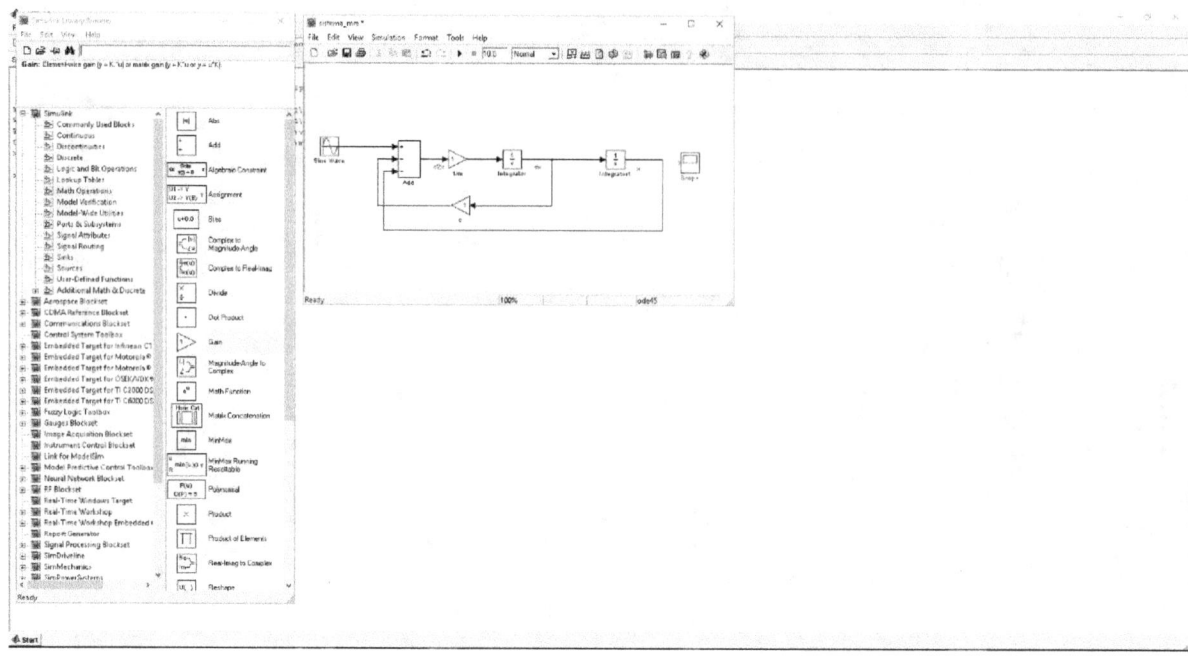

Para la línea de desplazamiento o x identificamos el factor de desplazamiento.

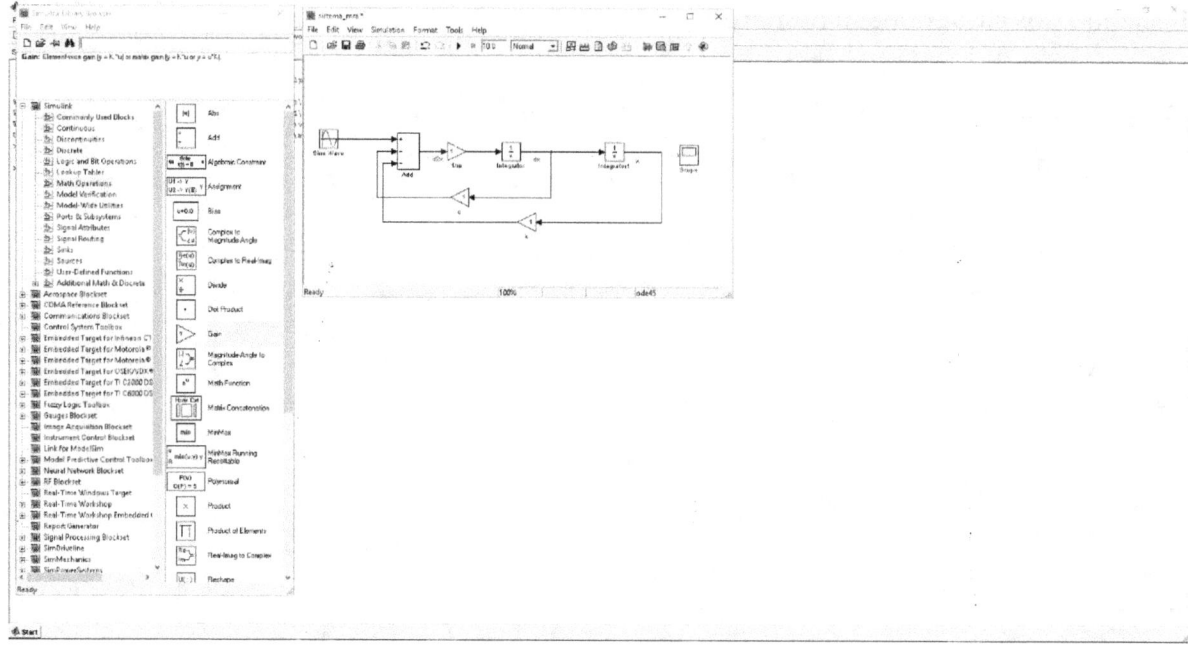

Se puede apreciar que la constante del factor de cada línea tiene el valor de 1. Conecte el osciloscopio para ver las salidas del simulador.

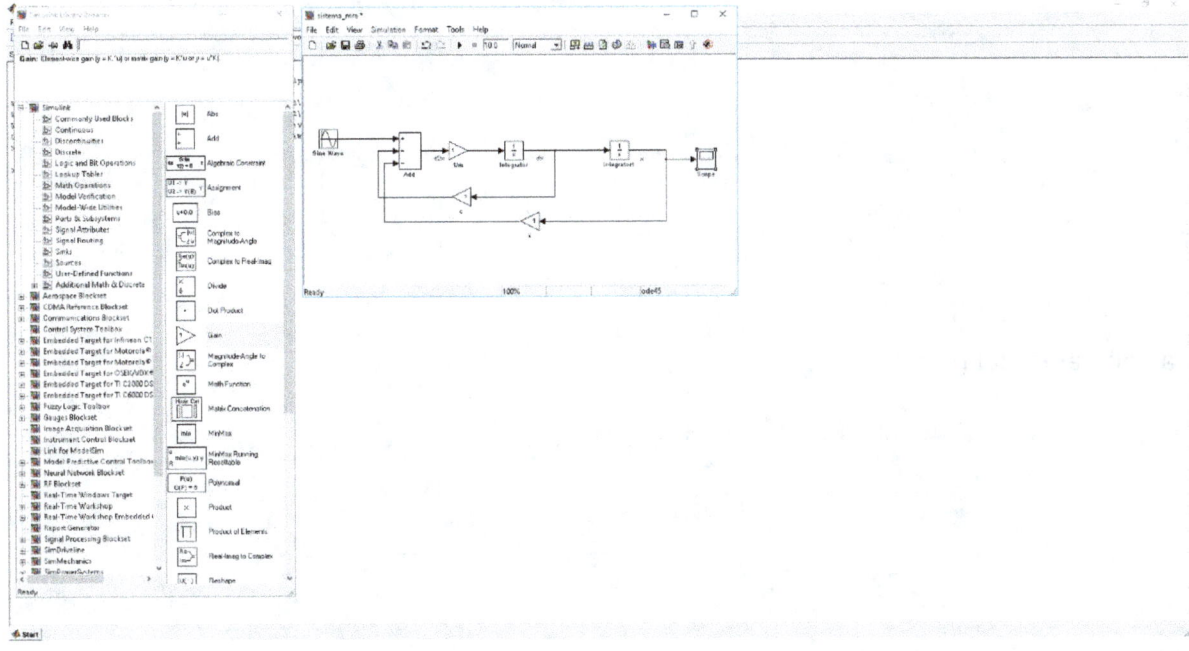

Ahora que el simulador está listo, se pondrá a correr para cada uno de los casos:

- **Simular el sistema con la siguiente información:**

  a. K = 1, c = 1, m=1 y F= sen(t)

Solución:

Configures las constantes, haciendo dos clics en cada factor y dándole los valores que indican.

La constante masa, m=1.

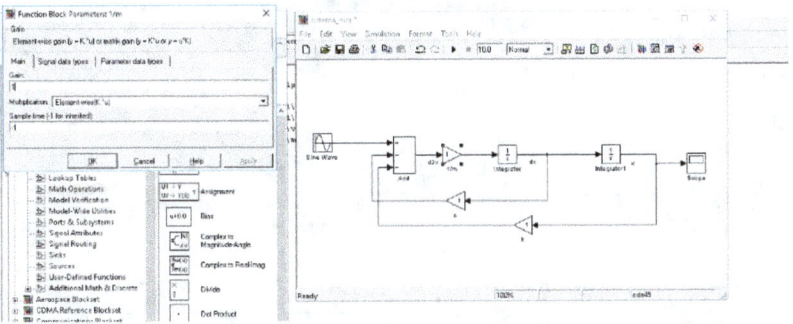

La constante del amortiguador, c=1.

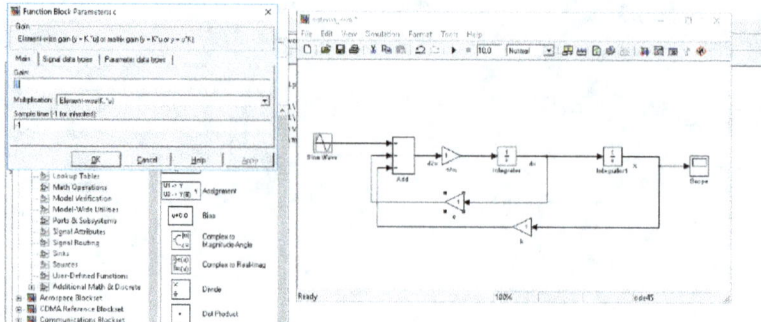

La constante del resorte, k=1.

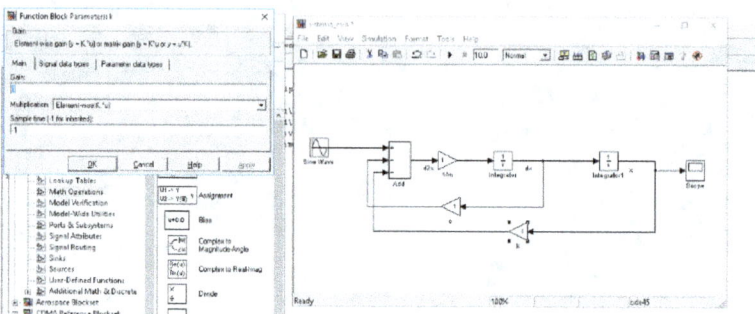

La fuente externa, que es: F= sen(t), lo cual tiene una amplitud de 1 y una frecuencia de 1. Haciendo dos clics en la fuente y cambiando los parámetros se tiene:

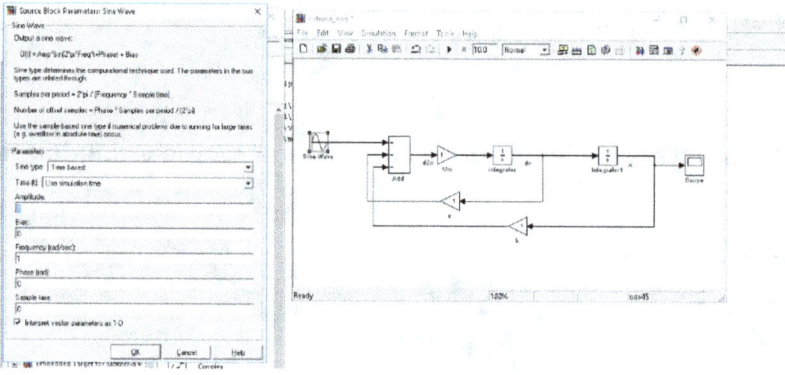

Corra la simulación.

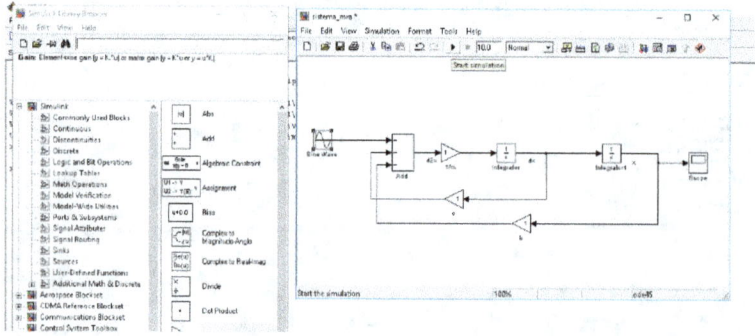

Haga dos clics sobre el osciloscopio y observe los resultados:

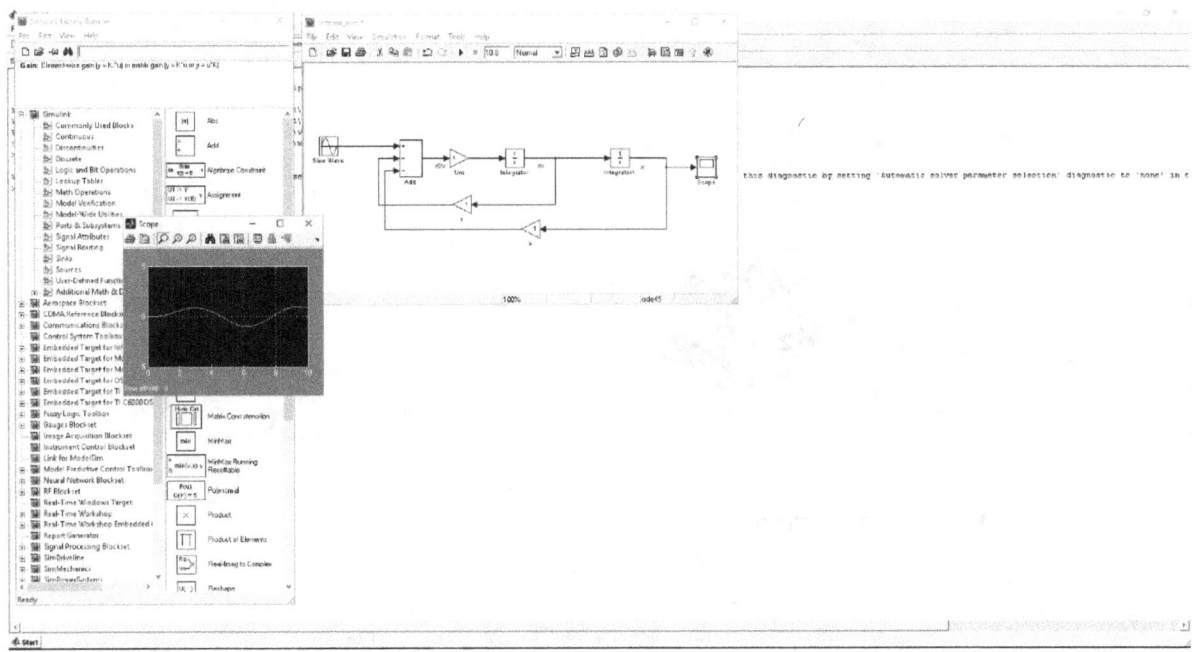

Amplié el osciloscopio para que aprecie la función de salida del sistema

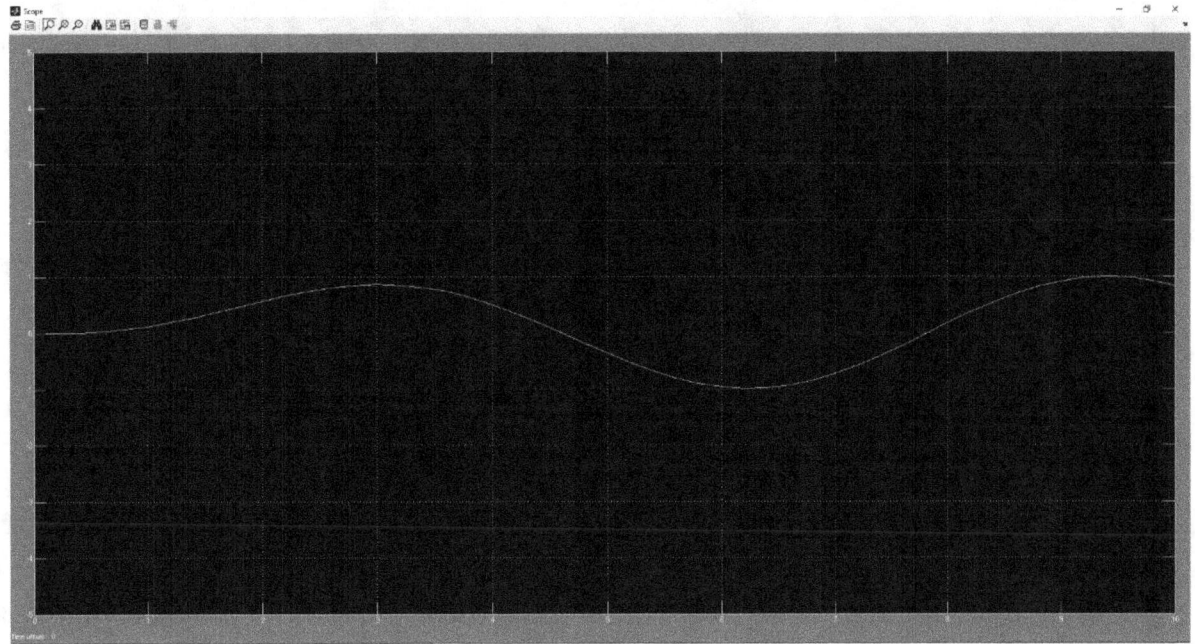

Por defecto él toma el tiempo de [0, 10] saltando 0.2. Ahora pídale los datos de salida en forma de tabla, para ello de clic sobre el botón parámetros del osciloscopio.

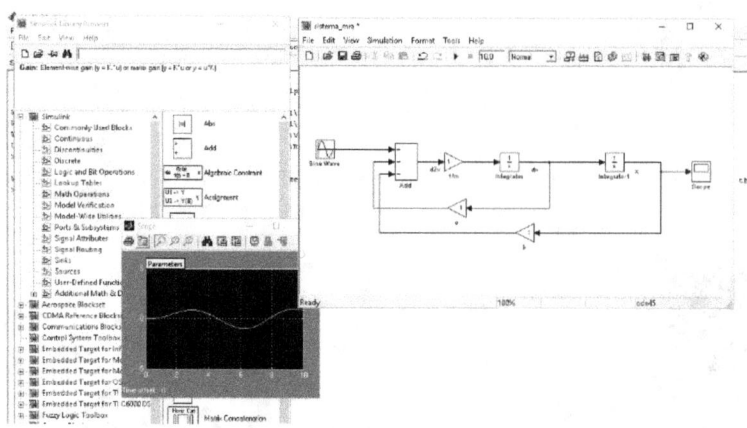

Diríjase a la pestaña historial de datos.

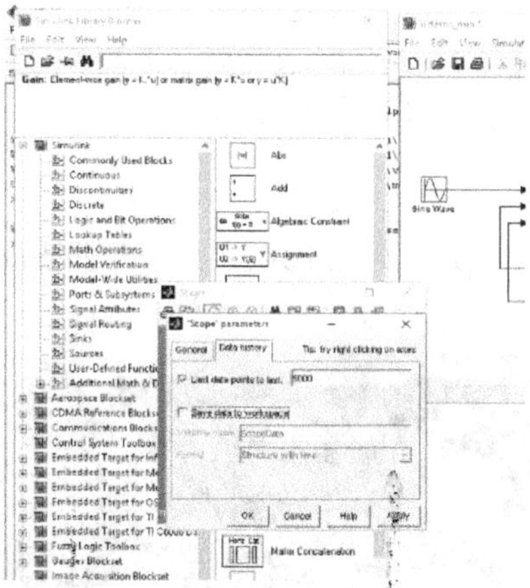

Active salvar a workspace.

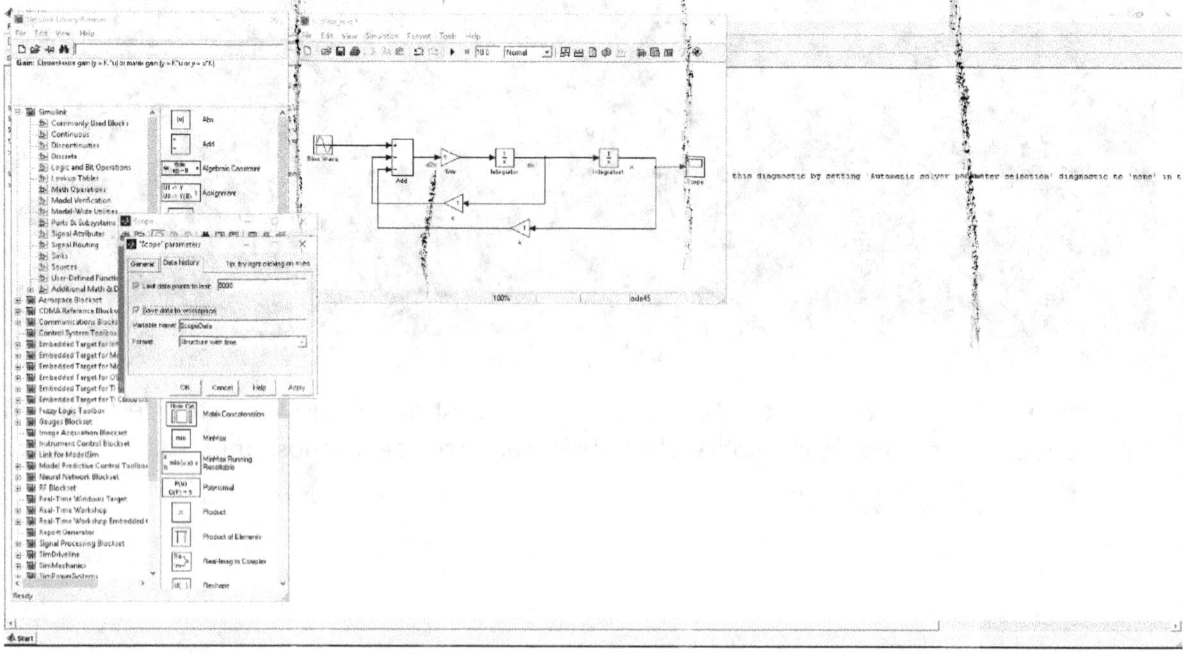

Corra nuevamente la simulación, y pida ver la ventana de workspace.

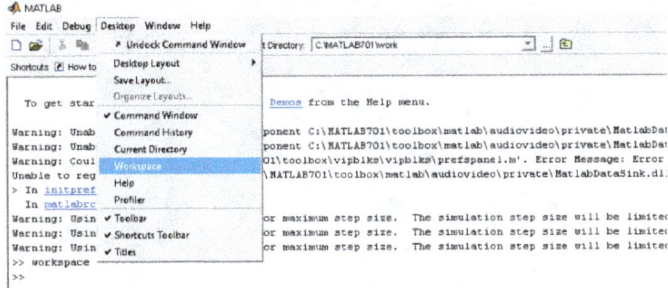

De dos clics sobre la variable Scopedata

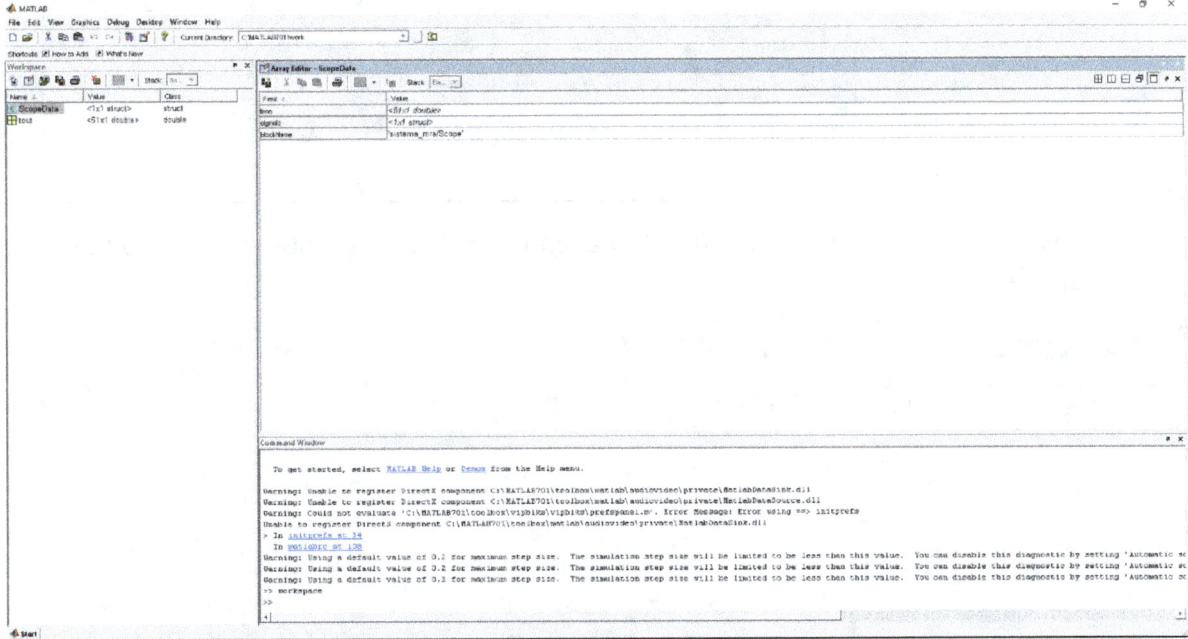

Haga clic sobre signals

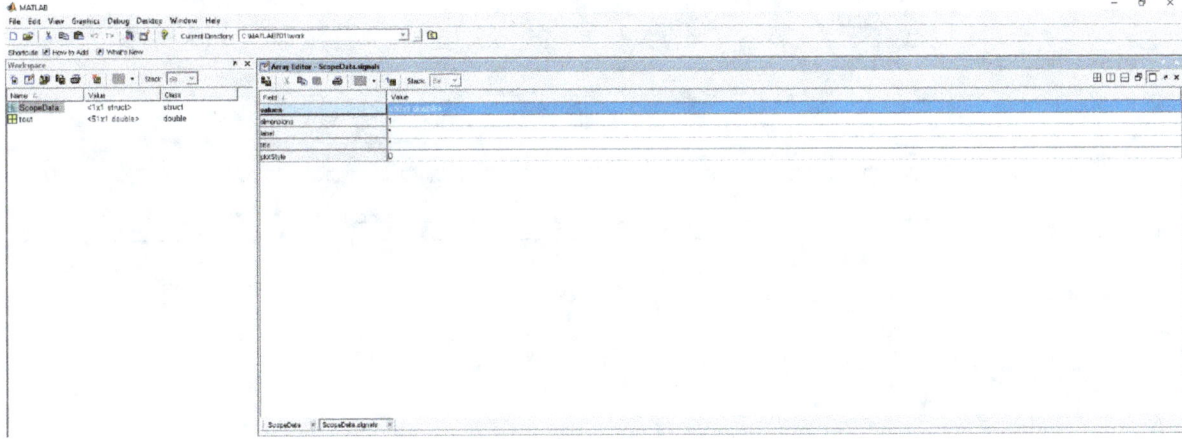

Y luego sobre values de la señal

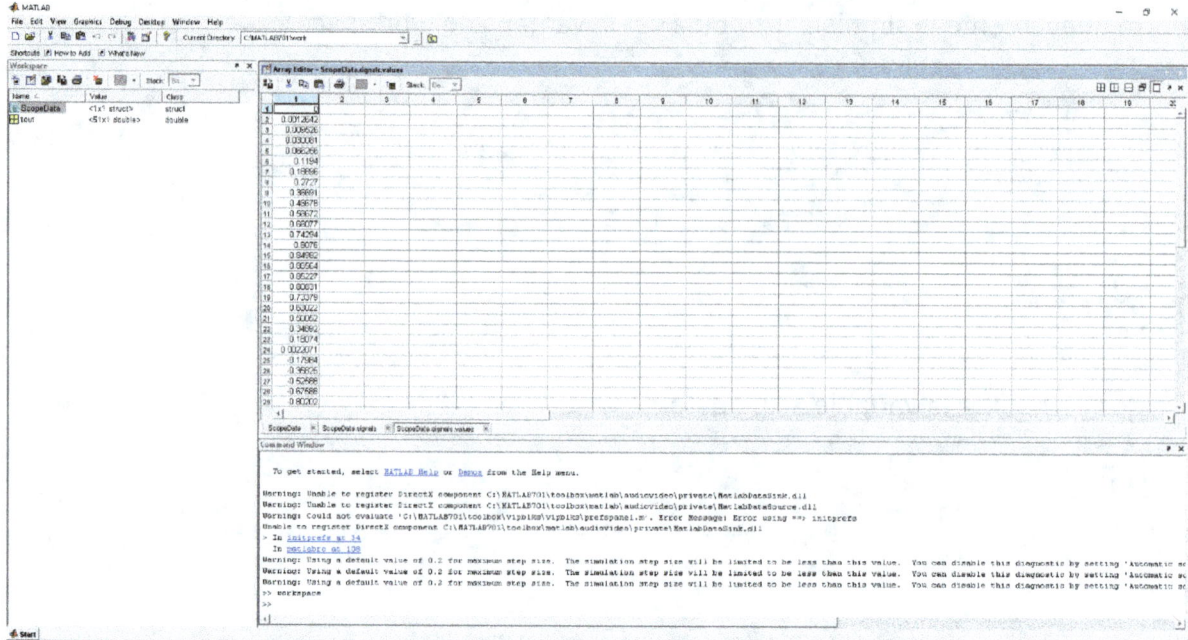

Los valores del tiempo se aprecian cuando hacen clic sobre la variable tout de la ventana de workspace.

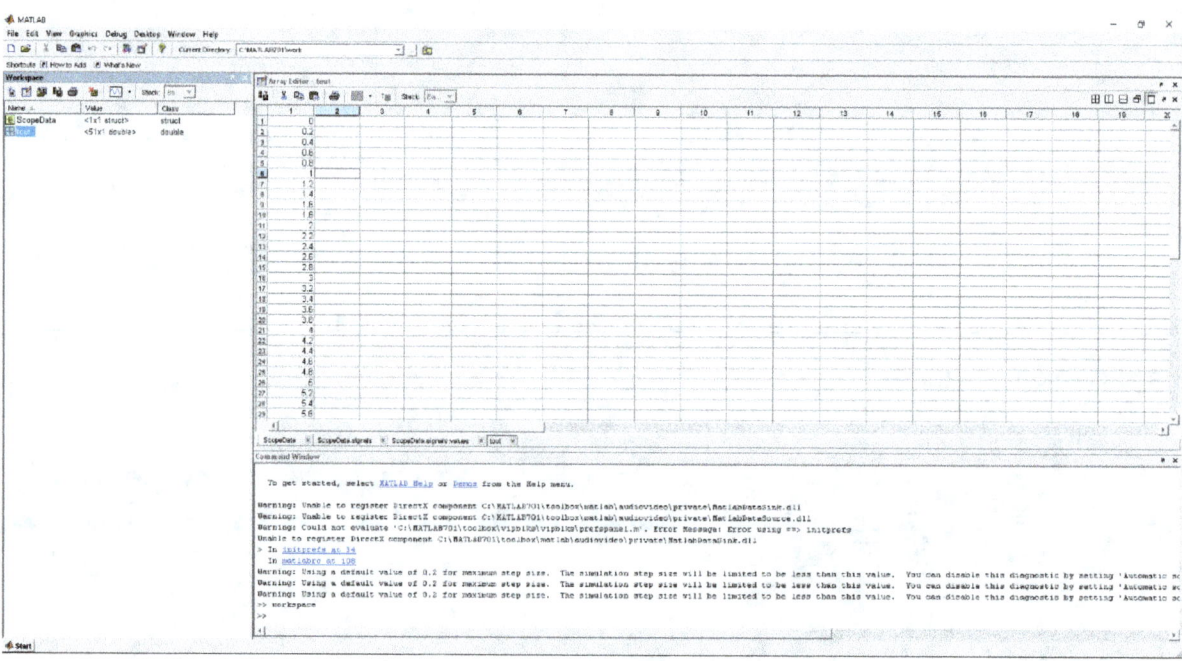

Para generar una data de la información anterior genere dos vectores, el del tiempo y el de desplazamiento, esto se hace de la siguiente forma: Seleccione los datos del tiempo y los copia donde desee (Excel, Word, o Matlab)

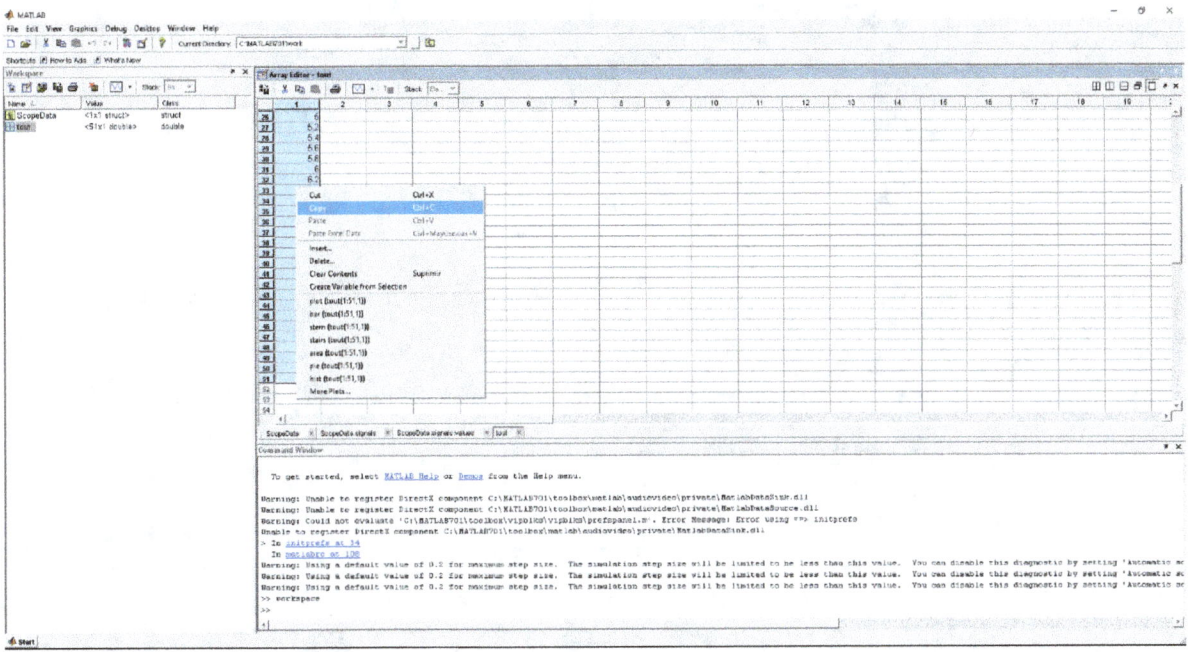

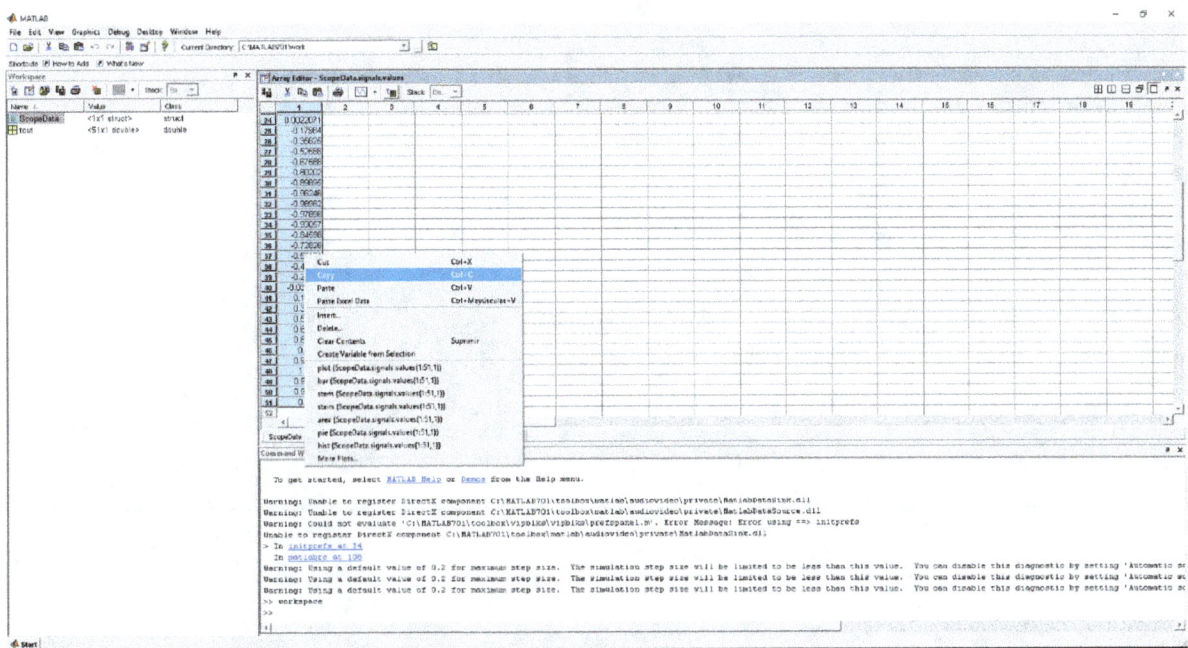

Datos enviados a Excel

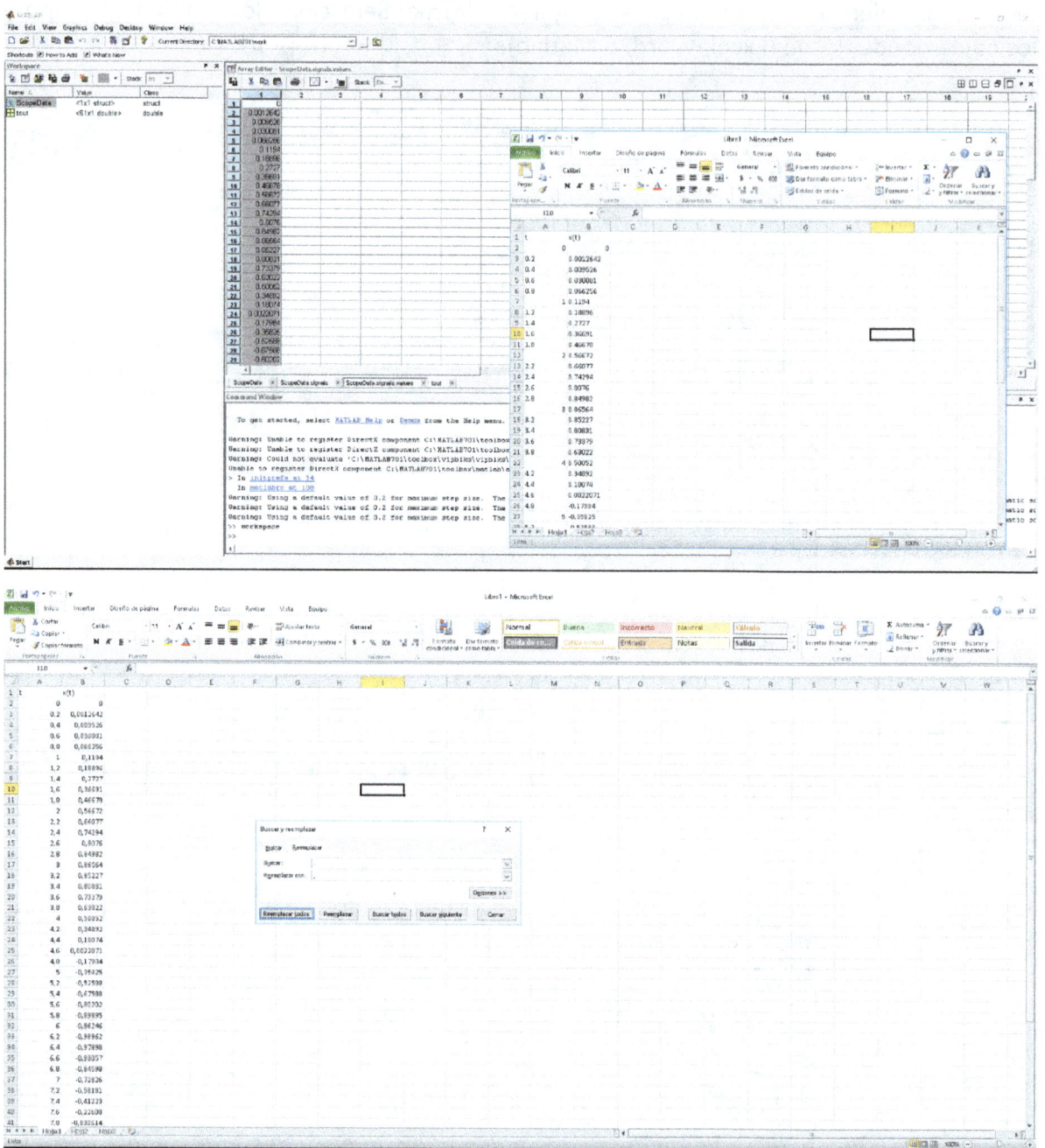

Obteniendo la siguiente información o data de la simulación:

t	x(t)
0	0
0,2	0,0012642
0,4	0,009526
0,6	0,030081
0,8	0,066256
1	0,1194
1,2	0,18896
1,4	0,2727
1,6	0,36691
1,8	0,46678
2	0,56672
2,2	0,66077
2,4	0,74294
2,6	0,8076
2,8	0,84982
3	0,86564
3,2	0,85227
3,4	0,80831
3,6	0,73379
3,8	0,63022
4	0,50052
4,2	0,34892
4,4	0,18074
4,6	0,0022071
4,8	-0,17984
5	-0,35825

t	x(t)
5,2	-0,52588
5,4	-0,67588
5,6	-0,80202
5,8	-0,89895
6	-0,96246
6,2	-0,98962
6,4	-0,97898
6,6	-0,93057
6,8	-0,84598
7	-0,72826
7,2	-0,58181
7,4	-0,41223
7,6	-0,22608
7,8	-0,030614
8	0,16649
8,2	0,35747
8,4	0,53474
8,6	0,69128
8,8	0,82082
9	0,9182
9,2	0,97947
9,4	10022
9,6	0,98529
9,8	0,92949
10	0,8369

1) El sistema de suspensión en los vehículos tiene como función la de soportar el peso del vehículo, almacenar y absorber energía.

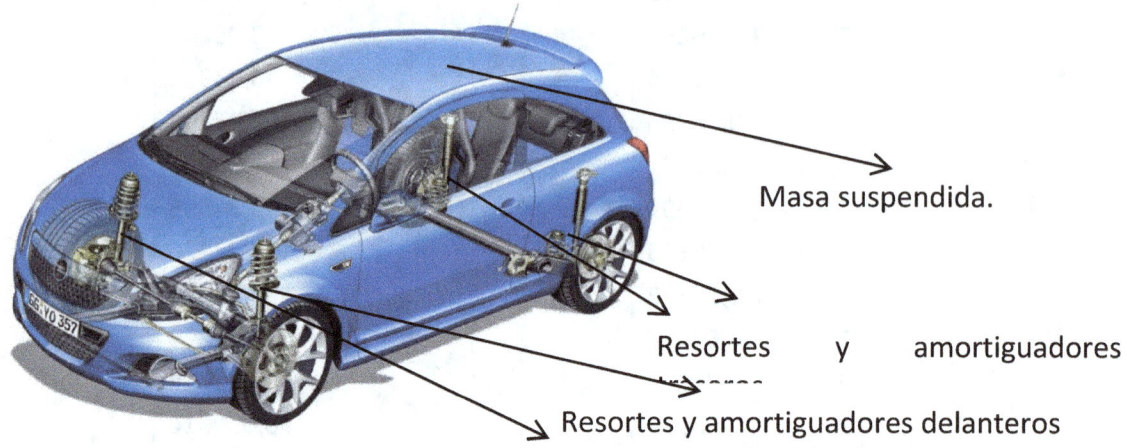

Masa suspendida.

Resortes y amortiguadores traseros

Resortes y amortiguadores delanteros

Por ejemplo, un carro de 1040 kg tiene un sistema de suspensión compuesto por cuatro resortes y cuatro amortiguadores que se comprimen 5 Cm por el peso del carro, si la constante de amortiguación es de 41600 kg/seg. Con base en esta información calcule:

a) La ecuación y solución que rige el sistema.

b) Realizar la simulación para un tiempo de t = [0, 30] seg. con dt = 0.2

c) Realizar la simulación para encontrar la constante del resorte o la del amortiguador con la condición de que los desplazamientos de amortiguación del auto no excedan de 7 cm. Tome un tiempo de t = [0, 30] seg. con dt = 0.2

2) Si el del problema anterior es sometido a una fuerza externa como se muestra en la siguiente figura.

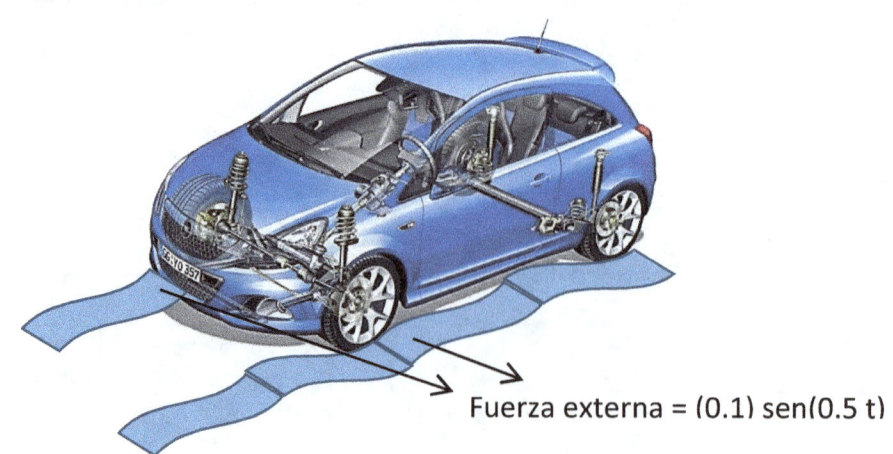

Fuerza externa = (0.1) sen(0.5 t)

Calcule:

d) La ecuación y solución que rige el sistema.

e) Realizar la simulación para un tiempo de t = [0, 20] seg. con dt = 0.5

f) Realizar la simulación para encontrar la constante del resorte o la del amortiguador con la condición de que los desplazamientos de amortiguación del auto no excedan de 5 cm. Tome un tiempo de t = [0, 20] seg. con dt = 0.5

3) Se ha demostrado que el equivalente de un sistema mecánico de un circuito LC son las oscilaciones de un sistema formado por una masa y un resorte. Mientras que el equivalente hidráulico es un sistema formado por dos vasos comunicantes.

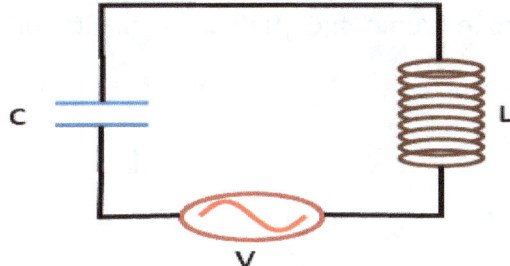

Encuentre la ecuación diferencial que rige el circuito, soluciónela y realice la simulación para las siguientes situaciones:

c) L = 400 mH, C= 740 μf, V = 20 sen(wt) con f = 60 Hz, t = [0, 10] con h=0.2

d) L = 500 mH, C= 1000 μf, V = 12 sen(wt) con f = 50 Hz, t = [0, 20] con h=0.5

e) L = 700 mH, C= 450 μf, V = 30 sen(wt) con f = 60 Hz, t = [0, 30] con h=0.5

4) Consideremos el siguiente circuito formado por un condensador de capacidad C, una resistencia R, una autoinducción L y una batería de fem V sin resistencia interna.

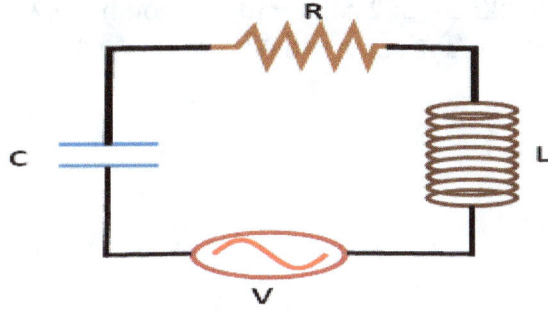

El condensador está inicialmente descargado. En el instante *t*=0, cuando se cierra el circuito. En un instante dado *t*, tendremos que

- El condensador C tiene una carga q
- La resistencia R tiene una corriente de intensidad i.
- Por la autoinducción L circula una corriente de intensidad

Encuentre la ecuación diferencial que rige el circuito, soluciónela y realice la simulación para las siguientes situaciones:

f) L = 500 mH, R= 100 Ω, C= 740 µf, V = 50 sen(wt) con f = 60 Hz, t = [0, 10] con h=0.2
g) L = 800 mH, R= 400 Ω, C= 1000 µf, V = 70 sen(wt) con f = 50 Hz, t = [0, 20] con h=0.5
h) L = 900 mH, R= 700 Ω, C= 450 µf, V = 20 sen(wt) con f = 60 Hz, t = [0, 30] con h=0.5

5) Un péndulo es una masa m atada al extremo de una cuerda de longitud a y de masa despreciable y el otro extremo fijo. Hallemos la E.D. que rige su movimiento sin fricción.

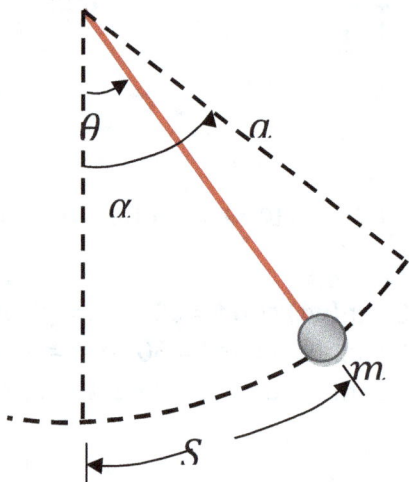

Encuentre la ecuación diferencial que rige el circuito, soluciónela y realice la simulación para las siguientes situaciones:

i) a = 50 Cm, m= 20 gr, g= 980 Cm/s^2 con t = [0, 12] con h = 0,2
j) a = 60 Cm, m= 50 gr, g= 980 Cm/s^2 con t = [0, 20] con h = 0,2
k) a = 1.2 m, m= 5 Kg, g= 9.8 m/s^2 con t = [0, 30] con h = 0.5

CAPÍTULO IV.

SISTEMAS DE DE ECUACIONES DIFERENCIALAES Y EN DIFEERENCIAS

Hemos visto en las secciones anteriores que cuando se analizan problemas de aplicación como por ejemplo a fenómenos biológicos dinámicos discretos, aparecen las ecuaciones en diferencias. Del mismo modo, cuando en estos fenómenos el número de variables es mayor que uno, entonces nos aparecerán los sistemas de ecuaciones en diferencias.

En este estudio haremos una introducción a las ecuaciones y a los sistemas en diferencias. Por este motivo, solo abordaremos aquellos sistemas de ecuaciones en diferencias lineales y de primer orden. Además, este tipo de sistemas son los que con más frecuencia se presentan en las aplicaciones biológicas.

4.1 SISTEMA DE ECUACIONES POR DIFERENCIA LINEAL CON COEFICIENTES CONSTANTES

Un sistema en diferencias lineal con coeficientes constantes de m ecuaciones y m variables, es una expresión que podemos escribir matricialmente de la siguiente manera [7].

$$\begin{pmatrix} y_{t+1}^1 \\ y_{t+1}^2 \\ \vdots \\ y_{t+1}^m \end{pmatrix} = \begin{pmatrix} a_{11} & a_{12} & \dots & a_{1m} \\ a_{21} & a_{22} & \cdots & a_{2m} \\ \vdots & \vdots & \vdots & \vdots \\ a_{m1} & a_{m2} & \cdots & a_{mm} \end{pmatrix} \begin{pmatrix} y_t^1 \\ y_t^2 \\ \vdots \\ y_t^m \end{pmatrix} + \begin{pmatrix} f_1(t) \\ f_2(t) \\ \vdots \\ f_m(t) \end{pmatrix}$$

De entre este tipo de sistemas, el caso más elemental (aunque para casos más generales, el procedimiento a seguir es similar) consiste en dos ecuaciones y dos variables

$$\begin{pmatrix} y_{t+1}^1 \\ y_{t+1}^2 \end{pmatrix} = \begin{pmatrix} a_{11}y_t^1 + a_{12}y_t^2 + f_1(t) \\ a_{21}y_t^1 + a_{22}y_t^2 + f_2(t) \end{pmatrix}$$

La clave para resolver este tipo de sistemas es intentar expresarlo como una ecuación en diferencias lineal de segundo orden con coeficientes constantes. En efecto, de la primera de las ecuaciones

$$y_{t+2}^1 = a_{11}\,y_{t+1}^1 + a_{12}\,y_{t+1}^2 + f_1(t+1)$$

Sustituimos el valor de la segunda de las ecuaciones del sistema en

$$y_{t+2}^1 = a_{11}\,y_{t+1}^1 + a_{12}\big(a_{21}y_t^1 + a_{22}y_t^2 + f_2(t)\big) + f_1(t+1)$$

En la que solo aparece un término $a_{12}\,a_{22}\,y_t^2$, en el que no intervenga la función y_t^1. Despejando de la primera de las ecuaciones del sistema

$$a_{12}\,y_t^2 = y_{t+1}^1 - a_{11}y_t^1 - f_1(t)$$

Sustituyendo
$$y_{t+2}^1 = a_{11}\, y_{t+1}^1 + a_{12}\, a_{21} y_t^1 + a_{22}\big(y_{t+1}^1 - a_{11} y_t^1 - f_1(t)\big) + a_{12}\, f_2(t) + f_1(t+1)$$

y sacando factor común, se obtiene finalmente
$$y_{t+2}^1 = (a_{11} + a_{22})\, y_{t+1}^1 + (a_{12}\, a_{21} - a_{22}\, a_{11})\, y_t^1 - a_{22}\, f_1(t) + a_{12}\, f_2(t) + f_1(t+1)$$

EJEMPLO 29.

Sean x(t) e y(t) el número de individuos de dos poblaciones de animales en el mes t, que conviven en un ecosistema en el que realizamos un control cada mes. Con x0 = 150 e y0 = 325, y que el desarrollo de la convivencia está gobernado por el sistema de ecuaciones en diferencias,
$$x_{t+1} = 3\, x_t - y_t + 1$$
$$y_{t+1} = -\, x_t + 2\, y_t + 3$$

Para encontrar el valor de x_t e y_t procedemos de la manera siguiente: De la primera de las ecuaciones
$$x_{t+2} = 3\, x_{t+1} - y_{t+1} + 1$$

Sustituimos la segunda de las ecuaciones en la expresión anterior
$$x_{t+2} = 3\, x_{t+1} - (-\, x_t + 2\, y_t + 3) + 1 = 3\, x_{t+1} + x_t - 2\, y_t - 2$$

Que sigue dependiendo de y_t, pero podemos despejarlo de la primera de las ecuaciones y sustituir este valor en la ecuación anterior
$$x_{t+2} = 3\, x_{t+1} + x_t - 2\, y_t - 2 = 3\, x_{t+1} + x_t - 2(-\, x_{t+1} + 3\, x_t + 1) - 2 = 5\, x_{t+1} - 5 x_t - 4$$

Que es una ecuación en diferencias lineal de segundo orden con coeficientes constantes, que puede ser escrita
$$x_{t+2} - 5\, x_{t+1} + 5 x_t = -\, 4$$

Es fácil ver que las raíces de la ecuación característica de su ecuación homogénea son:
$$\lambda = \frac{5 \pm \sqrt{5}}{2}$$

Dando lugar a la siguiente solución general de la ecuación homogénea
$$x_t = k_1 \left(\frac{5 + \sqrt{5}}{2}\right)^t + k_2 \left(\frac{5 - \sqrt{5}}{2}\right)^t$$

Para encontrar una solución particular de la solución completa, al ser el término independiente una constante, ensayamos con $x_t = a$. Sustituyendo en la ED por diferencias:

$$a - 5a + 5a = -4 \quad \text{Entonces, } a = -4$$

La solución general de la ecuación completa será

$$x_t = k_1 \left(\frac{5 + \sqrt{5}}{2}\right)^t + k_2 \left(\frac{5 - \sqrt{5}}{2}\right)^t - 4$$

Ahora, tendremos que sustituir en la primera de las ecuaciones del sistema

$$x_{t+1} = 3 x_t - y_t + 1$$
$$y_t = -x_{t+1} + 3 x_t + 1$$
$$y_t = -\left(k_1 \left(\frac{5 + \sqrt{5}}{2}\right)^{t+1} + k_2 \left(\frac{5 - \sqrt{5}}{2}\right)^{t+1} - 4\right) + 3 \left(k_1 \left(\frac{5 + \sqrt{5}}{2}\right)^t + k_2 \left(\frac{5 - \sqrt{5}}{2}\right)^t - 4\right) + 1$$
$$y_t = -k_1 \left(\frac{5 + \sqrt{5}}{2}\right)^{t+1} - k_2 \left(\frac{5 - \sqrt{5}}{2}\right)^{t+1} + 4 + 3 k_1 \left(\frac{5 + \sqrt{5}}{2}\right)^t + 3 k_2 \left(\frac{5 - \sqrt{5}}{2}\right)^t - 12 + 1$$
$$y_t = 3 k_1 \left(\frac{5 + \sqrt{5}}{2}\right)^t - k_1 \left(\frac{5 + \sqrt{5}}{2}\right)^{t+1} + 3 k_2 \left(\frac{5 - \sqrt{5}}{2}\right)^t - k_2 \left(\frac{5 - \sqrt{5}}{2}\right)^{t+1} - 7$$
$$y_t = k_1 \left(\frac{5 + \sqrt{5}}{2}\right)^t \left(3 - \left(\frac{5 + \sqrt{5}}{2}\right)\right) + k_2 \left(\frac{5 - \sqrt{5}}{2}\right)^t \left(3 - \left(\frac{5 - \sqrt{5}}{2}\right)\right) - 7$$
$$y_t = k_1 \left(\frac{5 + \sqrt{5}}{2}\right)^t \left(\frac{1 - \sqrt{5}}{2}\right) + k_2 \left(\frac{5 - \sqrt{5}}{2}\right)^t \left(\frac{1 + \sqrt{5}}{2}\right) - 7$$

Para encontrar los valores de k_2 y k_2, imponemos las condiciones iniciales
$$\begin{cases} 150 = k_1 + k_2 - 4 \\ 325 = \left(\frac{1 - \sqrt{5}}{2}\right) k_1 + \left(\frac{1 + \sqrt{5}}{2}\right) k_2 - 7 \end{cases}$$

La solución de este sistema de ecuaciones lineales es: $k_1 = 77 - 45\sqrt{5}$. y $k_2 = 77 + 45\sqrt{5}$.
En consecuencia, la solución particular para estas condiciones iniciales es:
$$x_t = (77 - 45\sqrt{5}) \left(\frac{5 + \sqrt{5}}{2}\right)^t + (77 - 51\sqrt{5}) \left(\frac{5 - \sqrt{5}}{2}\right)^t - 4$$
$$y_t = (151 - 61\sqrt{5}) \left(\frac{5 + \sqrt{5}}{2}\right)^t + (166 - 64\sqrt{5}) \left(\frac{5 - \sqrt{5}}{2}\right)^t - 7$$

EJEMPLO 30.

Encontrar la solución del sistema

$$x_{t+1} = 4 x_t - y_t$$

$$y_{t+1} = 2 x_t + y_t$$

Con $\begin{pmatrix} x_o \\ y_o \end{pmatrix} = \begin{pmatrix} 1 \\ 2 \end{pmatrix}$

Solución: la matriz A es:

$$A = \begin{pmatrix} 4 & -1 \\ 2 & 1 \end{pmatrix} \begin{pmatrix} x_t \\ y_t \end{pmatrix}$$

Encontramos el polinomio característico

$$P_A(\lambda) = \lambda^2 - 5\lambda + 6$$

Con las raíces $\lambda_1 = 3$ y $\lambda_2 = 2$. Por lo matriz es diagonalizable. Los subespacios propios son:

$$s(3) = \begin{pmatrix} 1 \\ 1 \end{pmatrix}, \quad s(2) = \begin{pmatrix} 1 \\ 2 \end{pmatrix}$$

De aquí que la matriz P, su inversa y la matriz diagonal D son:

$$P = \begin{pmatrix} 1 & 1 \\ 1 & 2 \end{pmatrix}, \quad P^{-1} = \begin{pmatrix} 2 & -1 \\ -1 & 1 \end{pmatrix}, \quad D = \begin{pmatrix} 3 & 0 \\ 0 & 2 \end{pmatrix}$$

La solución será:

$$X = P D^{\cdot t} P^{-1} X_0$$

$$X = \begin{pmatrix} 1 & 1 \\ 1 & 2 \end{pmatrix} \begin{pmatrix} 3^t & 0 \\ 0 & 2^t \end{pmatrix} \begin{pmatrix} 2 & -1 \\ -1 & 1 \end{pmatrix} \begin{pmatrix} x_o \\ y_o \end{pmatrix} = \begin{pmatrix} 2 \cdot 3^t - 2^t & -3^t + 2^t \\ 2 \cdot 3^t - 2^{t+1} & -3^t + 2^{t+1} \end{pmatrix} \begin{pmatrix} x_o \\ y_o \end{pmatrix} =$$

Aplicando las condiciones iniciales tenemos:

$$x_t = 2 \cdot 3^t - 2^t + 2\left(-3^t + 2^t\right)$$

$$y_t = 2 \cdot 3^t - 2^{t+1} - 1 + 2\left(-3^t + 2^{t+1}\right)$$

EJEMPLO 31.

Encontrar la solución del sistema

$$x_{t+1} = 4 x_t - y_t + 1$$

$$y_{t+1} = 2 x_t + y_t - 1$$

Con $\begin{pmatrix} x_o \\ y_o \end{pmatrix} = \begin{pmatrix} 1 \\ 2 \end{pmatrix}$

Solución: El punto de equilibrio del sistema X^0 está dado por

$$(I - A)^{-1} B = \left(\begin{pmatrix} 1 & 0 \\ 0 & 1 \end{pmatrix} - \begin{pmatrix} 4 & -1 \\ 2 & 1 \end{pmatrix} \right)^{-1} \begin{pmatrix} 1 \\ -1 \end{pmatrix} = \begin{pmatrix} -3 & 1 \\ -2 & 0 \end{pmatrix}^{-1} \begin{pmatrix} 1 \\ -1 \end{pmatrix} = \frac{1}{2} \begin{pmatrix} 0 & -1 \\ 2 & 3 \end{pmatrix} \begin{pmatrix} 1 \\ -1 \end{pmatrix} = \begin{pmatrix} \frac{1}{2} \\ \frac{5}{2} \end{pmatrix}$$

En el ejemplo anterior ya determinamos la solución general del sistema homogéneo.

$$\begin{pmatrix} x_t \\ y_t \end{pmatrix} = \begin{pmatrix} 2 \cdot 3^t - 2^t & -3^t + 2^t \\ 2 \cdot 3^t - 2^{t+1} & -3^t + 2^{t+1} \end{pmatrix} \begin{pmatrix} x_o - \dfrac{1}{2} \\ y_o - \dfrac{5}{2} \end{pmatrix} + \begin{pmatrix} \dfrac{1}{2} \\ \dfrac{5}{2} \end{pmatrix}$$

4.2 SISTEMA DE ECUACIONES DIFERENCIALES LINEALES CON COEFICIENTES CONSTANTES

Dado el sistema de ecuaciones

$$\dot{x}_1 = a_{11}x_1 + a_{12}x_2 + a_{13}x_3 + \ldots + a_{1n}x_n + f_1(t)$$

$$\dot{x}_2 = a_{21}x_1 + a_{22}x_2 + a_{23}x_3 + \ldots + a_{2n}x_n + f_2(t)$$

$$\dot{x}_3 = a_{31}x_1 + a_{32}x_2 + a_{33}x_3 + \ldots + a_{3n}x_n + f_3(t)$$

$$\vdots$$

$$\dot{x}_n = a_{n1}x_1 + a_{n2}x_2 + a_{n3}x_3 + \ldots + a_{nn}x_n + f_n(t)$$

De aquí tenemos:

El vector de derivadas:

$$X = \begin{bmatrix} \dot{x}_1 \\ \dot{x}_2 \\ \vdots \\ \dot{x}_n \end{bmatrix}$$

El vector de variables

$$X = \begin{bmatrix} x_1 \\ x_2 \\ \vdots \\ x_n \end{bmatrix}$$

La matriz

$$A = \begin{bmatrix} a_{11} & a_{12} & \cdots & a_{1n} \\ a_{21} & a_{22} & \cdots & a_{2n} \\ \vdots & \vdots & \vdots & \vdots \\ a_{31} & a_{32} & \cdots & a_{3n} \end{bmatrix}$$

El vector función

$$F(t) = \begin{bmatrix} f_1(t) \\ f_2(t) \\ \vdots \\ f_n(t) \end{bmatrix}$$

Luego el sistema de EDO puede representarse de la forma matricial:

$$X = A\,X + F$$

4.3 SOLUCIÓN DE SISTEMAS LINEALES HOMOGÉNEOS DE ECUACIONES DIFERENCIALES CON COEFICIENTES CONSTANTES

F es el vector del factor de las perturbaciones de las ecuaciones. En el caso que $F = 0$ tenemos el sistema homogéneo dado por [8]:

$X = A X$

Esta Edo tiene por una solución de la forma:

$$\frac{dX}{dt} = \lambda X$$

$$\int \frac{dX}{X} = \lambda \int dt$$

$ln|X| = \lambda t + k$

$X = e^{\lambda t + K}$

$X(t) = K \ e^{\lambda t}$

Verificación de la solución

$X = A X$

$K \lambda \ e^{\lambda t} = A K \ e^{\lambda t}$

Igualando a cero

$A K \ e^{\lambda t} - K \lambda \ e^{\lambda t} = 0$

$[A - \lambda I \ ] K \ e^{\lambda t} = 0$

De aquí que

$[A - \lambda I \ ] K = 0$

Si $K = 0$ la solución es trivial, entonces

$[A - \lambda I \ ] = 0$

De aquí que la ecuación característica es:

$det \ ([A - \lambda I \ ]) = 0$

Dónde:

λ son los eigen-valores

K son los eigen – vectores

Los casos que salen de la ecuación característica son:

Caso 1. Eigen valores reales diferentes

Caso 2: Eigen valores reales iguales

Caso 3: Eigen valores complejos.

Ejemplo 32. Resolver el sistema de EDO

$$\begin{cases} \dot{x} = 2x + 3y \\ \dot{y} = 2x + y \end{cases}$$

Solución:

Primero lo representamos en forma matricial

$$X = \begin{bmatrix} x \\ y \end{bmatrix} \quad \dot{X} = \begin{bmatrix} \dot{x} \\ \dot{y} \end{bmatrix} \quad A = \begin{bmatrix} 2 & 3 \\ 2 & 1 \end{bmatrix}$$

El sistema nos queda

$$\dot{X} = A X$$

$$\begin{bmatrix} \dot{x} \\ \dot{y} \end{bmatrix} = \begin{bmatrix} 2 & 3 \\ 2 & 1 \end{bmatrix} \begin{bmatrix} x \\ y \end{bmatrix}$$

Encontramos

$$|A - \lambda I| = 0$$

$$\left| \begin{bmatrix} 2 & 3 \\ 2 & 1 \end{bmatrix} - \lambda \begin{bmatrix} 1 & 0 \\ 0 & 1 \end{bmatrix} \right| = 0$$

$$\begin{vmatrix} 2 - \lambda & 3 \\ 2 & 1 - \lambda \end{vmatrix} = 0$$

$$(2 - \lambda)(1 - \lambda) - 6 = 0$$

$$\lambda^2 - 3\lambda - 4 = 0$$

De aquí que los valores propios son:

$$\lambda_1 = -1 \quad \text{o} \quad \lambda_2 = 4$$

Ahora encontraremos los vectores propios que hacen parte de la solución de la ecuación

Para $\lambda_1 = -1$ **tenemos:**

$$[A - \lambda I] K = 0$$

$$[A - (-1)I] K = 0$$

$$\begin{bmatrix} 2 - (-1) & 3 \\ 2 & 1 - (-1) \end{bmatrix} \begin{bmatrix} k_1 \\ k_2 \end{bmatrix} = \begin{bmatrix} 0 \\ 0 \end{bmatrix}$$

$$\begin{bmatrix} 3 & 3 \\ 2 & 2 \end{bmatrix} \begin{bmatrix} k_1 \\ k_2 \end{bmatrix} = \begin{bmatrix} 0 \\ 0 \end{bmatrix}$$

Se puede observar que el sistema es linealmente dependiente, resolviendo el sistema se obtiene que

$$k_1 = -k_2$$

Luego el vector queda de la forma

$$K_1 = \begin{bmatrix} k_1 \\ k_2 \end{bmatrix} = \begin{bmatrix} -k_2 \\ k_2 \end{bmatrix}$$

Dando valores a K distintos de cero, ejemplo $k_2 = 1$

$$K_1 = \begin{bmatrix} -1 \\ 1 \end{bmatrix}$$

Para $\lambda_2 = 4$ **tenemos:**

$$[A - \lambda I] K = 0$$

$$[A - (4)I] K = 0$$

$$\begin{bmatrix} 2-(4) & 3 \\ 2 & 1-(4) \end{bmatrix} \begin{bmatrix} k_1 \\ k_2 \end{bmatrix} = \begin{bmatrix} 0 \\ 0 \end{bmatrix}$$

$$\begin{bmatrix} -2 & 3 \\ 2 & -3 \end{bmatrix} \begin{bmatrix} k_1 \\ k_2 \end{bmatrix} = \begin{bmatrix} 0 \\ 0 \end{bmatrix}$$

Se puede observar que el sistema es linealmente dependiente, resolviendo el sistema se obtiene que

$$k_1 = \frac{3}{2}k_2$$

Luego el vector queda de la forma

$$K_2 = \begin{bmatrix} \frac{3}{2}k_2 \\ k_2 \end{bmatrix}$$

Dando valores a K distintos de cero, ejemplo $k_2 = 2$

$$K_2 = \begin{bmatrix} 3 \\ 2 \end{bmatrix}$$

Luego la solución del sistema es

$$X(t) = K_1 \, e^{\lambda_1 t} + K_2 \, e^{\lambda_2 t}$$

$$\begin{bmatrix} x \\ y \end{bmatrix} = C_1 \begin{bmatrix} 1 \\ -1 \end{bmatrix} e^{-t} + C_2 \begin{bmatrix} 3 \\ 2 \end{bmatrix} e^{4t}$$

Eso es:

$$x(t) = C_1 e^{-t} + 3\, C_2 e^{4t}$$

$$y(t) = -C_1 e^{-t} + 2\, C_2 e^{4t}$$

Ejemplo 33. Resolver el sistema de ecuaciones:

$\dot{x} = -4x + y + z$

$\dot{y} = x + 5y - z$

$\dot{z} = y - 3z$

Solución

Encontramos

$|A - \lambda I| = 0$

Encontramos

$$\begin{vmatrix} -4-\lambda & 1 & 1 \\ 1 & 5-\lambda & -1 \\ 0 & 1 & -3-\lambda \end{vmatrix} = 0$$

$(4 + \lambda)(5 - \lambda)(3 + \lambda) = 0$

Luego los valores propios son:

$$\lambda_1 = -4, \quad \lambda_2 = 5, \quad \lambda_3 = -3$$

Para $\lambda_1 = -4$ **tenemos:**

$[A - \lambda I]K = 0$

$$\left[\begin{bmatrix} -4 & 1 & 1 \\ 1 & 5 & -1 \\ 0 & 1 & -3 \end{bmatrix} - (-4)\begin{bmatrix} 1 & 0 & 0 \\ 0 & 1 & 0 \\ 0 & 0 & 1 \end{bmatrix} \right] K = 0$$

$$\begin{bmatrix} 0 & 1 & 1 \\ 1 & 9 & -1 \\ 0 & 1 & 1 \end{bmatrix} \begin{bmatrix} k_1 \\ k_2 \\ k_2 \end{bmatrix} = \begin{bmatrix} 0 \\ 0 \\ 0 \end{bmatrix}$$

Se puede observar que el sistema es linealmente dependiente, resolviendo el sistema se obtiene que

$$\begin{bmatrix} 0 & 1 & 1 \\ 1 & 9 & -1 \\ 0 & 1 & 1 \end{bmatrix} \to f_1 \leftrightarrow f_2 \begin{bmatrix} 1 & 9 & -1 \\ 0 & 1 & 1 \\ 0 & 1 & 1 \end{bmatrix} \to f_3 = f_3 - f_2 \begin{bmatrix} 1 & 9 & -1 \\ 0 & 1 & 1 \\ 0 & 0 & 0 \end{bmatrix} \to f_1 = f_1 - 9f_2 \begin{bmatrix} 1 & 0 & -10 \\ 0 & 1 & 1 \\ 0 & 0 & 0 \end{bmatrix}$$

$k_2 + k_3 = 0$ de donde $k_2 = -k_3$

$k_1 - 10k_3 = 0$ de donde $k_1 = -10k_3$

Dando valores distintos de cero a $k_3 = 1$

$$K_1 = \begin{bmatrix} k_1 \\ k_2 \\ k_3 \end{bmatrix} = \begin{bmatrix} 10 \\ -1 \\ 1 \end{bmatrix}$$

Luego

$$X_1 = K_1 \, e^{\lambda_1 t} = \begin{bmatrix} 10 \\ -1 \\ 1 \end{bmatrix} e^{-4t}$$

Para $\lambda_1 = 5$ tenemos:

$$[A - \lambda I\,]K = 0$$

$$[A - (5)I\,]K = 0$$

$$\begin{bmatrix} -9 & 1 & 1 \\ 1 & 0 & -1 \\ 0 & 1 & -8 \end{bmatrix}\begin{bmatrix} k_1 \\ k_2 \\ k_2 \end{bmatrix} = \begin{bmatrix} 0 \\ 0 \\ 0 \end{bmatrix}$$

Se puede observar que el sistema es linealmente dependiente, resolviendo el sistema se obtiene que

$$\begin{bmatrix} -9 & 1 & 1 \\ 1 & 0 & -1 \\ 0 & 1 & -8 \end{bmatrix} \to f_1 \leftrightarrow f_2 \begin{bmatrix} 1 & 0 & -1 \\ -9 & 1 & 1 \\ 0 & 1 & -8 \end{bmatrix} \to f_3 \leftrightarrow f_2 \begin{bmatrix} 1 & 0 & -1 \\ 0 & 1 & -8 \\ -9 & 1 & 1 \end{bmatrix}$$

$$\to f_3 = f_3 + 9f_1 \begin{bmatrix} 1 & 0 & -1 \\ 0 & 1 & -8 \\ 0 & 1 & -8 \end{bmatrix} \to f_3 = f_3 + f_2 \begin{bmatrix} 1 & 0 & -1 \\ 0 & 1 & -8 \\ 0 & 0 & 0 \end{bmatrix}$$

$k_1 - k_3 = 0$ de donde $k_1 = k_3$

$k_2 - 8k_3 = 0$ de donde $k_2 = 8k_3$

Dando valores distintos de cero a $k_3 = 1$

$$K_1 = \begin{bmatrix} k_1 \\ k_2 \\ k_3 \end{bmatrix} = \begin{bmatrix} 1 \\ 8 \\ 1 \end{bmatrix}$$

Luego

$$X_2 = K_2 \, e^{\lambda_2 t} = \begin{bmatrix} 1 \\ 8 \\ 1 \end{bmatrix} e^{5t}$$

Para $\lambda_3 = -3$ tenemos:

$$[A - \lambda I\,]K = 0$$

$$[A - (5)I\,]K = 0$$

$$\begin{bmatrix} -1 & 1 & 1 \\ 1 & 8 & -1 \\ 0 & 1 & 0 \end{bmatrix}\begin{bmatrix} k_1 \\ k_2 \\ k_2 \end{bmatrix} = \begin{bmatrix} 0 \\ 0 \\ 0 \end{bmatrix}$$

Se puede observar que el sistema es linealmente dependiente, resolviendo el sistema se obtiene que

$$\begin{bmatrix} -1 & 1 & 1 \\ 1 & 8 & -1 \\ 0 & 1 & 0 \end{bmatrix} \rightarrow f_1 \leftrightarrow f_2 \begin{bmatrix} 1 & 8 & -1 \\ 0 & 1 & 0 \\ -1 & 1 & 1 \end{bmatrix} \rightarrow f_3 = f_3 + f_1 \begin{bmatrix} 1 & 8 & -1 \\ 0 & 1 & 0 \\ 0 & 9 & 0 \end{bmatrix} k_1 - k_3 = 0$$

$$\rightarrow f_3 = f_3 - 9f_2 \begin{bmatrix} 1 & 8 & -1 \\ 0 & 1 & 0 \\ 0 & 0 & 0 \end{bmatrix} \rightarrow f_1 = f_1 - 8f_2 \begin{bmatrix} 1 & 0 & -1 \\ 0 & 1 & 0 \\ 0 & 0 & 0 \end{bmatrix}$$

de donde $k_1 = k_3$

$k_2 = 0$ de donde $k_2 = 0$

Dando valores distintos de cero a $k_3 = 1$

$$K_3 = \begin{bmatrix} k_1 \\ k_2 \\ k_3 \end{bmatrix} = \begin{bmatrix} 1 \\ 0 \\ 1 \end{bmatrix}$$

Luego

$$X_3 = K_3 \, e^{\lambda_3 t} = \begin{bmatrix} 1 \\ 0 \\ 1 \end{bmatrix} e^{-3t}$$

Luego la solución general del sistema es

$$X(t) = K_1 \, e^{\lambda_1 t} + K_2 \, e^{\lambda_2 t} + K_3 \, e^{\lambda_3 t}$$

$$\begin{bmatrix} x \\ y \end{bmatrix} = C_1 \begin{bmatrix} 10 \\ -1 \\ 1 \end{bmatrix} e^{-4t} + C_2 \begin{bmatrix} 1 \\ 8 \\ 1 \end{bmatrix} e^{5t} + C_2 \begin{bmatrix} 1 \\ 0 \\ 1 \end{bmatrix} e^{-3t}$$

Eso es:

$$x(t) = 10 \, C_1 e^{-4t} + C_2 e^{5t} + C_2 e^{-3t}$$

$$y(t) = - C_1 e^{-4t} + 8 \, C_2 e^{5t}$$

$$z(t) = C_1 e^{-4t} + C_2 e^{5t} + C_2 e^{-3t}$$

Ejemplo 34. Resolver el sistema de EDO

$$\begin{cases} \dot{x} = 6x - y \\ \dot{y} = 5x + 4y \end{cases}$$

Solución:

Primero lo representamos en forma matricial

$$X = \begin{bmatrix} x \\ y \end{bmatrix} \quad \dot{X} = \begin{bmatrix} \dot{x} \\ \dot{y} \end{bmatrix} \quad A = \begin{bmatrix} 6 & -1 \\ 5 & 4 \end{bmatrix}$$

El sistema nos queda

$\dot{X} = A\,X$

$$\begin{bmatrix} \dot{x} \\ \dot{y} \end{bmatrix} = \begin{bmatrix} 6 & -1 \\ 5 & 4 \end{bmatrix}\begin{bmatrix} x \\ y \end{bmatrix}$$

Encontramos

$|A - \lambda I| = 0$

$$\left| \begin{bmatrix} 6 & -1 \\ 5 & 4 \end{bmatrix} - \lambda \begin{bmatrix} 1 & 0 \\ 0 & 1 \end{bmatrix} \right| = 0$$

$$\begin{vmatrix} 6 - \lambda & -1 \\ 5 & 4 - \lambda \end{vmatrix} = 0$$

$(6 - \lambda)(4 - \lambda) + 5 = 0$

$\lambda^2 - 10\,\lambda + 29 = 0$

De aquí que los valores propios son:

$$\lambda_1 = 5 + 2i \quad \text{o} \quad \lambda_2 = 5 - 2i$$

Para $\lambda_1 = 5 + 2i$ **tenemos:**

$[A - \lambda I]\,K = 0$

$[A - (5 + 2i)I]\,K = 0$

$$\begin{bmatrix} 1 - 2i & -1 \\ 5 & -1 - 2i \end{bmatrix}\begin{bmatrix} k_1 \\ k_2 \end{bmatrix} = \begin{bmatrix} 0 \\ 0 \end{bmatrix}$$

Se puede observar que el sistema es linealmente dependiente, resolviendo el sistema se obtiene que

$k_2 = (1 - 2i)\,k_1$

Luego el vector queda de la forma

$$K_1 = \begin{bmatrix} k_1 \\ k_2 \end{bmatrix} = \begin{bmatrix} k_1 \\ (1 - 2i)\,k_1 \end{bmatrix} = \begin{bmatrix} 1 \\ 1 - 2i \end{bmatrix} \quad \text{para } k_1 = 1$$

La solución primera es,

$$X_1 = K_1 \, e^{\lambda_1 t} = \begin{bmatrix} 1 \\ 1 - 2i \end{bmatrix} e^{(5 + 2i)t}$$

Para $\lambda_2 = 5 - 2i$ **tenemos:**

$$[A - \lambda I] K = 0$$

$$[A - (5 - 2i)I] K = 0$$

$$\begin{bmatrix} 1 + 2i & -1 \\ 5 & -1 + 2i \end{bmatrix} \begin{bmatrix} k_1 \\ k_2 \end{bmatrix} = \begin{bmatrix} 0 \\ 0 \end{bmatrix}$$

Se puede observar que el sistema es linealmente dependiente, resolviendo el sistema se obtiene que

$$k_2 = (1 + 2i) \, k_1$$

Luego el vector queda de la forma

$$K_2 = \begin{bmatrix} k_1 \\ k_2 \end{bmatrix} = \begin{bmatrix} k_1 \\ (1 + 2i) \, k_1 \end{bmatrix} = \begin{bmatrix} 1 \\ 1 + 2i \end{bmatrix} \quad \text{para } k_1 = 1$$

La solución segunda es,

$$X_2 = K_1 \, e^{\lambda_1 t} = \begin{bmatrix} 1 \\ 1 + 2i \end{bmatrix} e^{(5 - 2i)t}$$

Luego la solución general del sistema es

$$X(t) = K_1 \, e^{\lambda_1 t} + K_2 \, e^{\lambda_2 t}$$

$$\begin{bmatrix} x \\ y \end{bmatrix} = C_1 \begin{bmatrix} 1 \\ 1 - 2i \end{bmatrix} e^{(5 + 2i)t} + C_2 \begin{bmatrix} 1 \\ 1 + 2i \end{bmatrix} e^{(5 - 2i)t}$$

Eso es:

$$x(t) = e^{5t}[C_1 cos(2t) + C_2 sen(2t)]$$

$$y(t) = e^{5t}[(1 - 2i)C_1 \, cos(2t) + (1 + 2i)C_2 sen(2t)]$$

Ejemplo 35. Solucionar el sistema de EDO

$$\begin{cases} \dot{x} = x + y & (1) \\ \dot{y} = 3x - y & (2) \end{cases}$$

Solución:

Otra forma de solucionar el sistema de ecuaciones lineales

Despejando y de la ecuación (1)

$y = \dot{x} - x$

Derivamos esta expresión: $\dot{y} = \ddot{x} - \dot{x}$

Sustituyendo en la ecuación (2)

$\dot{y} = 3x - y$

$\ddot{x} - \dot{x} = 3x - \dot{x} - x$

$\ddot{x} - 4x = 0$

No queda una EDO de segundo orden con coeficientes constantes

$\ddot{x} - 4x = 0$

$r^2 - 4 = 0$

$(r - 2)(r + 2) = 0$

Las raíces son: $r = 2$ y $r = -2$

La solución para la primera variable es:

$x(t) = C_1 e^{2t} + C_2 3^{-2t}$

Para calcular la otra solución o $y(t)$ sustituimos la solución de $x(t)$ en la ecuación que esta despejado $y(t)$, es decir

$y = \dot{x} - x$

$y = 2C_1 e^{2t} - 2 C_2 3^{-2t} - C_1 e^{2t} - C_2 3^{-2t}$

De donde se obtiene la solución para $y(t)$

$y(t) = C_1 e^{2t} - 3 C_2 3^{-2t}$

Luego la solución general del sistema es:

$$\begin{bmatrix} x \\ y \end{bmatrix} = C_1 \begin{bmatrix} 1 \\ 1 \end{bmatrix} e^{2t} + C_2 \begin{bmatrix} 1 \\ -3 \end{bmatrix} e^{-2t}$$

Ejemplo 36. Dado tres tanques cuyos volúmenes están dados por $V_1 = 40$, $V_2 = 60$, $V_3 = 80$, $r = 12$ galones/minuto y las cantidades iniciales de sal en los tres tanques de salmuera en libras son:

$$x_1(0) = 20, \quad x_2(0) = 10, \quad x_3(0) = 0$$

Encontrare la cantidad de sal en cada uno de los tanques en cualquier instante de tiempo.

Solución:

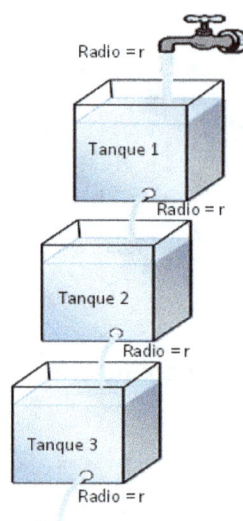

Solución:

Las concentraciones de sal en cada uno de los tanques están regidas por el sistema de ecuaciones diferenciales:

$$\begin{cases} \dfrac{dx_1}{dt} = -k_1 x_1 \\[2mm] \dfrac{dx_2}{dt} = k_1 x_1 - k_2 x_2 \\[2mm] \dfrac{dx_3}{dt} = k_2 x_2 - k_3 x_3 \end{cases}$$

Con

$$k_1 = \frac{r}{V_1} = \frac{12}{40} = 0.3, \quad k_2 = \frac{r}{V_2} = \frac{12}{60} = 0.2 \quad y \quad k_3 = \frac{r}{V_3} = \frac{12}{80} = 0.15$$

Sustituyendo en el sistema de EDO

$$\begin{cases} \dfrac{dx_1}{dt} = -0.3\, x_1 \\[2mm] \dfrac{dx_2}{dt} = 0.3\, x_1 - 0.2\, x_2 \\[2mm] \dfrac{dx_3}{dt} = 0.2\, x_2 - 0.15\, x_3 \end{cases}$$

$$\begin{pmatrix} \dfrac{dx_1}{dt} \\[2mm] \dfrac{dx_2}{dt} \\[2mm] \dfrac{dx_3}{dt} \end{pmatrix} = \begin{pmatrix} -0.3 & 0 & 0 \\ 0.3 & -0.2 & 0 \\ 0 & 0.2 & -0.15 \end{pmatrix}$$

De aquí que:

$$A - \lambda I = \begin{pmatrix} -0.3 & 0 & 0 \\ 0.3 & -0.2 & 0 \\ 0 & 0.2 & -0.15 \end{pmatrix} - \lambda \begin{pmatrix} 1 & 0 & 0 \\ 0 & 1 & 0 \\ 0 & 0 & 1 \end{pmatrix} = \begin{pmatrix} -0.3 - \lambda & 0 & 0 \\ 0.3 & -0.2 - \lambda & 0 \\ 0 & 0.2 & -0.15 - \lambda \end{pmatrix}$$

De donde se obtiene la ecuación característica

$$|A - \lambda I| = \begin{vmatrix} -0.3 - \lambda & 0 & 0 \\ 0.3 & -0.2 - \lambda & 0 \\ 0 & 0.2 & -0.15 - \lambda \end{vmatrix} = \left(-\frac{3}{10} - \lambda \right)\left(-\frac{1}{5} - \lambda \right)\left(-\frac{3}{2} - \lambda \right) = 0$$

De aquí se obtiene los eigenvalores

$$\lambda_1 = -\frac{1}{5}, \quad \lambda_2 = -\frac{3}{10} \text{ y } \lambda_3 = -\frac{3}{20}$$

Caso 1. Si $\lambda_1 = -\dfrac{1}{5}$

$$(A - \lambda_1 I)\, v = \begin{pmatrix} -0.3 - \left(-\dfrac{1}{5} \right) & 0 & 0 \\[2mm] 0.3 & -0.2 - \left(-\dfrac{1}{5} \right) & 0 \\[2mm] 0 & 0.2 & -0.15 - \left(-\dfrac{1}{5} \right) \end{pmatrix} \begin{pmatrix} a \\ b \\ c \end{pmatrix}$$

$$(A - \lambda_1 I)\, v = \begin{pmatrix} -\dfrac{1}{10} & 0 & 0 \\[2mm] \dfrac{3}{10} & 0 & 0 \\[2mm] 0 & \dfrac{1}{5} & \dfrac{1}{20} \end{pmatrix} \begin{pmatrix} a \\ b \\ c \end{pmatrix} = \begin{pmatrix} 0 \\ 0 \\ 0 \end{pmatrix}$$

De aquí se obtiene

$$-\frac{1}{10} a = 0$$

$$\frac{3}{10}a = 0$$

$$\frac{1}{5}b + \frac{1}{20}c = 0$$

Solucionando el sistema se obtiene el eigenvector

$$v_1 = [a\ b\ c]^T = \left[0 \ -\frac{1}{4} \ 1\right]^T$$

Caso 2. Si $\lambda_2 = -\dfrac{3}{10}$

$$(A - \lambda_2 I)\,v = \begin{pmatrix} -0.3 - \left(-\dfrac{3}{10}\right) & 0 & 0 \\ 0.3 & -0.2 - \left(-\dfrac{3}{10}\right) & 0 \\ 0 & 0.2 & -0.15 - \left(-\dfrac{3}{10}\right) \end{pmatrix} \begin{pmatrix} a \\ b \\ c \end{pmatrix}$$

$$(A - \lambda_2 I)\,v = \begin{pmatrix} 0 & 0 & 0 \\ \dfrac{3}{10} & \dfrac{1}{10} & 0 \\ 0 & \dfrac{1}{5} & \dfrac{3}{20} \end{pmatrix} \begin{pmatrix} a \\ b \\ c \end{pmatrix} = \begin{pmatrix} 0 \\ 0 \\ 0 \end{pmatrix}$$

De aquí se obtiene

$$\frac{3}{10}a + \frac{1}{10}b = 0$$

$$\frac{1}{5}b + \frac{3}{20}c = 0$$

Solucionando el sistema se obtiene el eigenvector

$$v_2 = [a\ b\ c]^T = \left[\frac{1}{4} \ -\frac{3}{4} \ 1\right]^T$$

Caso 3. Si $\lambda_3 = -\dfrac{3}{20}$

$$(A - \lambda_3 I)\,v = \begin{pmatrix} -0.3 - \left(-\dfrac{3}{20}\right) & 0 & 0 \\ 0.3 & -0.2 - \left(-\dfrac{3}{20}\right) & 0 \\ 0 & 0.2 & -0.15 - \left(-\dfrac{3}{20}\right) \end{pmatrix} \begin{pmatrix} a \\ b \\ c \end{pmatrix}$$

$$(A - \lambda_3 I)\, v = \begin{pmatrix} -\dfrac{3}{20} & 0 & 0 \\ \dfrac{3}{10} & -\dfrac{1}{20} & 0 \\ 0 & \dfrac{1}{5} & 0 \end{pmatrix} \begin{pmatrix} a \\ b \\ c \end{pmatrix} = \begin{pmatrix} 0 \\ 0 \\ 0 \end{pmatrix}$$

De aquí se obtiene

$$-\frac{3}{20}a = 0$$

$$\frac{3}{10}a - \frac{1}{20}b = 0$$

$$\frac{1}{5}b = 0$$

Solucionando el sistema se obtiene el eigenvector

$$v_3 = [a \ \ b \ \ c]^T = [0 \ \ 0 \ \ 1]^T$$

Luego la solución general es:

$$x(t) = c_1\, v_1\, e^{\lambda_1 t} + c_2\, v_2\, e^{\lambda_2 t} + c_3\, v_3\, e^{\lambda_3 t}$$

$$x(t) = c_1 \left[0 \ -\frac{1}{4} \ 1\right]^T e^{-\frac{1}{5}t} + c_2 \left[\frac{1}{4} \ -\frac{3}{4} \ 1\right]^T e^{-\frac{3}{10}t} + c_3\, [0 \ \ 0 \ \ 1]^T e^{-\frac{3}{20}t}$$

Lo que equivale a las ecuaciones:

$$x_1(t) = \frac{1}{4}c_2\, e^{-\frac{3}{10}t}$$

$$x_2(t) = -\frac{1}{4}c_1\, e^{-\frac{1}{5}t} - \frac{3}{4}c_2\, e^{-\frac{3}{10}t}$$

$$x_3(t) = c_1\, e^{-\frac{1}{5}t} + c_2\, e^{-\frac{3}{10}t} + c_3\, e^{-\frac{3}{20}t}$$

Aplicando las condiciones iniciales: $x_1(0) = 20$, $x_2(0) = 10$, $x_3(0) = 0$

$$15 = \frac{1}{4}c_2$$

$$10 = -\frac{1}{4}c_1 - \frac{3}{4}c_2$$

$$0 = c_1 + c_2 + c_3$$

Solucionando el sistema de ecuaciones anterior se obtiene que:

$$c_1 = -280, \quad c_2 = 80 \quad \text{y} \quad c_3 = 200$$

Sustituyendo en la solución general tenemos

$$x_1(t) = 20\, e^{-\frac{3}{10}t}$$

$$x_2(t) = 70\, e^{-\frac{1}{5}t} - 60\, e^{-\frac{3}{10}t}$$

$$x_3(t) = -280\, e^{-\frac{1}{5}t} + 80\, e^{-\frac{3}{10}t} + 200\, e^{-\frac{3}{20}t}$$

```matlab
disp('dx2/dt =   k1*x1  -  k2*x2')
disp('dx3/dt =              k2*x2  -  k3*x3')
disp('Con:  k1=r1/v1,  k2=r2/V2  y  k3=r3/v3')

disp('Condiciones iniciales')
x0=[20 10 0]'

disp('Las constantes son:')
V1=40
V2=60
V3=80

disp('r1=r2=r3 que llamaremos solo r')
r=12

disp('Solución:')

syms L C1 C2 C3 t

disp('El sistema de EDO está dado por:   dx = A*x ')
k1=r/V1
k2=r/V2
k3=r/V3
disp('La matriz A es:')
A=[-k1 0 0; k1 -k2 0; 0 k2 -k3]
disp('La matriz A-L*I es:')
A_LI=A-L*eye(3)
disp('La ecuación característica es:')
ec_car=det(A_LI)
disp('La solución de la ecuación característica o valores propios es:')
sol_ec_car=solve(ec_car)

disp('** Caso 1. Para el primer valor propio')
L=sol_ec_car(1)
L1=L;
A_LI_L1=eval(A_LI)
disp('Resolviendo el sistema de ecuaciones lineales')
A_LI_L1=rref(A_LI_L1)
disp('El vector propio asociado a este valor propio es:')
vp1=-(A_LI_L1(:,end))+[0 0 1]'

disp('** Caso 2. Para el primer valor propio')
L=sol_ec_car(2)
L2=L;
A_LI_L2=eval(A_LI)
disp('Resolviendo el sistema de ecuaciones lineales')
A_LI_L2=rref(A_LI_L2)
disp('El vector propio asociado a este valor propio es:')
vp2=-(A_LI_L2(:,end))+[0 0 1]'

disp('** Caso 3. Para el primer valor propio')
```

```
L=sol_ec_car(3)
L3=L;
A_LI_L3=eval(A_LI)

disp('Resolviendo el sistema de ecuaciones lineales')
A_LI_L3=rref(A_LI_L3)

disp('El vector propio asociado a este valor propio es:')
vp3=-(A_LI_L3(:,end))+[0 0 1]'

disp('*** La Solución general del sistema de EDO es:')
sol_gen=C1*vp1*exp(L1*t)+C2*vp2*exp(L2*t)+C3*vp3*exp(L3*t)

disp('Aplicando las condiciones iniciales')
t=0
sol_gen_t0=eval(C1*vp1*exp(L1*t)+C2*vp2*exp(L2*t)+C3*vp3*exp(L3*t))
disp('Resolviendo el sistema de ecuaciones para hallar C1, C2 y C3')
[C1,        C2,         C3]=solve(        sol_gen_t0(1)-x0(1),sol_gen_t0(2)-
x0(2),sol_gen_t0(3)-x0(3), C1,C2,C3 )

disp('La solución particular es:')
clear t
syms t
sol_part=eval(sol_gen)
```

4.5 RESULATDOS DEL PROGRAMA EN MATLAB SOBRE LA SOLUCIÓN DE SISTEMAS LINEALES HOMOGÉNEOS DE ECUACIONES DIFERENCIALES CON COEFICIENTES CONSTANTES

****** SISTEMAS DE ECUACIONES DIFERENCIALES HOMOGÉNEOS ******

Sistema de Ecuaciones diferenciales
dx1/dt = - k1*x1
dx2/dt = k1*x1 - k2*x2
dx3/dt = k2*x2 - k3*x3
Con: k1=r1/v1, k2=r2/V2 y k3=r3/v3
Condiciones iniciales

x0 =
  20
  10
   0

Las constantes son:
V1 = 40
V2 = 60
V3 = 80

r1=r2=r3 que llamaremos solo r
r = 12

Solución:
El sistema de EDO está dado por: dx = A*x
k1 = 0.3000
k2 = 0.2000
k3 = 0.1500

La matriz A es:
A =
  -0.3000   0   0
   0.3000 -0.2000   0
      0 0.2000 -0.1500

La matriz A-L*I es:
A_LI =
[-3/10-L,   0,   0]
[3/10, -1/5-L,   0]
[0,   1/5, -3/20-L]

La ecuación característica es:
ec_car = (-3/10-L)*(-1/5-L)*(-3/20-L)

La solución de la ecuación característica o valores propios es:
sol_ec_car =
 -1/5
 -3/10
 -3/20

** Caso1. Para el primer valor propio
L = -1/5

A_LI_L1 =
[-1/10,   0,   0]
[3/10,   0,   0]
[0, 1/5, 1/20]

Resolviendo el sistema de ecuaciones lineales
A_LI_L1 =
[1, 0, 0]
[0, 1, 1/4]
[0, 0, 0]

El vector propio asociado a este valor propio es:
vp1 =
   0
-1/4
   1

** Caso2. Para el primer valor propio
L = -3/10

A_LI_L2 =
[0,   0,   0]
[3/10, 1/10,   0]
[0, 1/5, 3/20]

Resolviendo el sistema de ecuaciones lineales
A_LI_L2 =
 [1,   0, -1/4]
 [0,   1, 3/4]
 [0,   0,   0]

El vector propio asociado a este valor propio es:
vp2 =
  1/4
 -3/4
   1

** Caso3. Para el primer valor propio
L = -3/20

A_LI_L3 =
 [-3/20,   0,   0]
 [3/10, -1/20,   0]
 [0, 1/5,   0]

Resolviendo el sistema de ecuaciones lineales
A_LI_L3 =
 [1, 0, 0]
 [0, 1, 0]
 [0, 0, 0]

El vector propio asociado a este valor propio es:
vp3 =
0

0
1
*** La Solución general del sistema de EDO es:
sol_gen =

$$\frac{1}{4} \cdot \exp(-3/10 \cdot t) \cdot C2$$
$$-1/4 \cdot \exp(-1/5 \cdot t) \cdot C1 - 3/4 \cdot \exp(-3/10 \cdot t) \cdot C2$$
$$\exp(-1/5 \cdot t) \cdot C1 + \exp(-3/10 \cdot t) \cdot C2 + \exp(-3/20 \cdot t) \cdot C3$$

Aplicando las condiciones iniciales
t = 0

sol_gen_t0 =
$$\frac{1}{4} \cdot C2$$
$$-1/4 \cdot C1 - 3/4 \cdot C2$$
$$C1 + C2 + C3$$

Resolviendo el sistema de ecuaciones para hallar C1, C2 y C3
C1 = -280
C2 = 80
C3 = 200

La solución particular es:
sol_part =

$$20 \cdot \exp(-3/10 \cdot t)$$
$$70 \cdot \exp(-1/5 \cdot t) - 60 \cdot \exp(-3/10 \cdot t)$$
$$-280 \cdot \exp(-1/5 \cdot t) + 80 \cdot \exp(-3/10 \cdot t) + 200 \cdot \exp(-3/20 \cdot t)$$

4.6 REPRESENTACIÓN DE UNA ECUACIÓN DIFERENCIAL DE ORDEN SUPERIOR A UN SISTEMA DE N-ORDEN

Para transformar una ecuación diferencial de orden superior de orden n a un sistema de n-ésima ecuaciones, se procede de la siguiente manera [9]:

$$\frac{d^n y(t)}{d\, t^n} + a_{n-1}\frac{d^{n-1} y(t)}{d\, t^{n-1}} + \cdots + a_1 \frac{dy(t)}{dt} + a_0\, y(t) = f(t)$$

Se hace:
$$x_1 = y(t)$$
$$x_2 = \frac{dx_1}{dt} = \frac{dy(t)}{dt}$$
$$x_3 = \frac{dx_2}{dt} = \frac{d^2 y(t)}{dt^2}$$
$$\vdots$$
$$x_n = \frac{dx_{n-1}}{dt^{n-1}} = \frac{d^{n-1} y(t)}{dt^{n-1}}$$

Luego la ecuación diferencial de n-ésimo orden se descompone en *n* ecuaciones diferenciales de primer orden así:
$$\frac{dx_1}{dt} = x_2$$
$$\frac{dx_2}{dt} = x_3$$
$$\vdots$$
$$\frac{dx_{n-1}}{dt} = x_n$$
$$\frac{dx_n}{dt^n} = f(t) - \left(a_{n-1}\, x_n + \cdots + a_1 x_2 + a_0\, x_1\right)$$

4.7 ESTADO DE UN SISTEMA

El estado de un sistema hace referencia a las condiciones pasadas, presentes y futuras del sistema. Es conveniente definir un conjunto de variables de estado y ecuaciones de estado para modelar sistemas dinámicos.

Las variables x_1, x_2,..., x_N son las variables de estado de un sistema de n-ésimo orden, y las n ecuaciones diferenciales de primer orden son las ecuaciones de estado.

Las variables de estado deben satisfacer las siguientes condiciones:

➤ En cualquier tiempo inicial $t = t_0$ las variables de estado $x_1(t)$, $x_2(t)$,..., $x_N(t)$ definen los estados iniciales del sistema.

> Una vez que las entradas del sistema para $t > t_0$ y los estados iniciales antes definidos son especificados, las variables de estado deben definir completamente el comportamiento futuro del sistema.

En otras palabras, las variables de estado de un sistema se definen como un conjunto mínimo de variables $x_1, x_2,..., x_N$ de cuyo conocimiento en cualquier tiempo t_0 y del conocimiento de la información de la entrada de excitación que se aplica subsecuentemente, se puede determinar el estado del sistema en cualquier tiempo $t > t_0$.

4.8 ECUACIÓN DE ESTADO PARA SISTEMAS CONTINUOS

Las n ecuaciones de estado de un sistema de n-ésimo orden se representan como:
$$\frac{dx_i}{dt} = f_i\left(x_1(t), x_2(t), x_3(t),..., x_n(t), u_1(t), u_2(t), u_3(t),..., u_p(t)\right)$$
Con $i = 1, 2, 3...,n$

Sean $y_1(t), y_2(t), y_3(t),..., y_n(t)$ las q variables de salida del sistema. Las variables de salida son funciones de las variables de estado y de las variables de entrada.

Las ecuaciones se pueden expresar como:
$$y_j(t) = g_j\left(x_1(t), x_2(t), x_3(t),..., x_n(t), u_1(t), u_2(t), u_3(t),..., u_p(t)\right)$$
Con j $= 1, 2, 3...,q$

El conjunto de las n ecuaciones de estado y las q ecuaciones de salida forman las ecuaciones dinámicas. Por facilidad de expresión y manipulación, es conveniente representar las ecuaciones dinámicas en forma matricial. Así pues, se definen los siguientes vectores:

Vector de estado   Vector de entrada   Vector salida

$$x(t) = \begin{bmatrix} x_1(t) \\ x_2(t) \\ \vdots \\ x_n(t) \end{bmatrix} \qquad u(t) = \begin{bmatrix} u_1(t) \\ u_2(t) \\ \vdots \\ u_p(t) \end{bmatrix} \qquad y(t) = \begin{bmatrix} y_1(t) \\ y_2(t) \\ \vdots \\ y_q(t) \end{bmatrix}$$

Estas n ecuaciones de estado se pueden escribir de la forma:
$$\frac{dx(t)}{dt} = f\left(x(t), u(t)\right)$$

En donde f denota una matriz columna de $n \times 1$ que contiene las funciones f_1, f_2, f_3,..., f_n como elementos. De igual manera, las q ecuaciones de salida se convierten en:
$$y(t) = g\left(x(t), u(t)\right)$$

Donde g denota la matriz de $q \times 1$ que contiene las funciones g_1, g_2, g_3,..., g_q como elementos.

Para un sistema lineal e invariante en el tiempo (LTI), las ecuaciones dinámicas se escriben como:

Ecuación de estado.

$$\frac{dx(t)}{dt} = A\,x(t) + B\,u(t)$$

Ecuación de salida.

$$y(t) = C\,x(t) + D\,u(t)$$

En donde:

A: es la matriz de estado

B: es la matriz de entrada

C: es la matriz de salida

D: es la matriz de transmitancia directa

Ejemplo 37. Encuentre las ecuaciones de estado y de salida para el sistema mecánico formado por un cuerpo de masa (*m*), un resorte de constante *k*, un amortiguador con coeficiente **b** y una fuerza externa *u(t)*

Solución:

La ecuación diferencial que caracteriza este sistema es:

$$m\frac{d^2 y}{dt^2} + b\frac{dy}{dt} + k\,y = u(t)$$

Esto se puede representar por el sistema lineal usando:

$x_1(t) = y(t)$

$x_2(t) = \dfrac{dy(t)}{dt}$

De donde se obtiene el sistema lineal de EDO:

$$\frac{dx_1(t)}{dt} = x_2$$

$$\frac{dx_2(t)}{dt} = -\frac{k}{m}x_1 - \frac{b}{m}x_2 + \frac{1}{m}u$$

En forma matricial es:

$$\begin{pmatrix} \dfrac{dx_1}{dt} \\ \dfrac{dx_2}{dt} \end{pmatrix} = \begin{pmatrix} 0 & 1 \\ -\dfrac{k}{m} & -\dfrac{b}{m} \end{pmatrix} \begin{pmatrix} x_1 \\ x_2 \end{pmatrix} + \begin{pmatrix} 0 \\ \dfrac{1}{m} \end{pmatrix} u$$

La cual es una ecuación de estado de la forma: $\dfrac{dx(t)}{dt} = A\,x(t) + B\,u(t)$

La ecuación de salida es

$y(t) = x(t)$

En forma matricial es:

$$y = (1 \quad 0)\begin{pmatrix} x_1 \\ x_2 \end{pmatrix}$$

La cual es una ecuación de salida de la forma: $y(t) = C\,x(t) + D\,u(t)$

4.9 FUNCIÓN DE TRANSFERCIA DE UN SISTEMA CON UNA ENTRADA Y UNA SALIDA

La transferencia de un sistema que tiene una entrada y una salida a partir de las ecuaciones en el espacio de estados está dada por la función:

$$G(s) = \frac{Y(s)}{U(s)}$$

Este sistema se puede representar en el espacio de estado mediante las ecuaciones:

$$\frac{dx(t)}{dt} = A\,x(t) + B\,u(t)$$

$$y(t) = C\,x(t) + D\,u(t)$$

Aplicando la transformada de Laplace (con condiciones iniciales igual a cero), se tiene:

$$s\,X(t) = A\,X(s) + B\,U(s)$$

$$Y(t) = C\,X(s) + D\,U(s)$$

De la ecuación 1) se tiene:

$$s\,X(t) = A\,X(s) + B\,U(s)$$

$$s\,X(t) - A\,X(s) = B\,U(s)$$

$$(s\,I - A)X(t) = B\,U(s)$$

$$(s\,I - A)^{-1}(s\,I - A)X(t) = (s\,I - A)^{-1}B\,U(s)$$

$$X(t) = (s\,I - A)^{-1}B\,U(s)$$

Sustituyendo este resultado en la ecuación 2) o de salida se tiene:

$$Y(t) = C\,X(s) + D\,U(s)$$

$$Y(t) = C\,(s\,I - A)^{-1}B\,U(s) + D\,U(s)$$

$$Y(t) = \big(C\,(s\,I - A)^{-1}B + D\big)\,U(s)$$

De donde se obtiene la función de transferencia:

$$G(s) = \frac{Y(s)}{X(s)} = \frac{\big(C\,(s\,I - A)^{-1}B + D\big)\,U(s)}{(s\,I - A)^{-1}B\,U(s)} = C\,(s\,I - A)^{-1}B + D$$

Ejemplo 38. Obtenga la función de transferencia para el sistema mecánico formado por un cuerpo de masa (*m*), un resorte de constante *k*, un amortiguador con coeficiente **b** y una fuerza externa *u(t)*

Solución:

La ecuación diferencial del sistema es:

$$m\frac{d^2y}{dt^2} + b\frac{dy}{dt} + k\,y = u(t)$$

De donde se obtiene el sistema lineal de EDO:

$$\frac{dx_1(t)}{dt} = x_2$$

$$\frac{dx_2(t)}{dt} = -\frac{k}{m}x_1 - \frac{b}{m}x_2 + \frac{1}{m}u$$

En forma matricial es:

$$\begin{pmatrix} \dfrac{dx_1}{dt} \\ \dfrac{dx_2}{dt} \end{pmatrix} = \begin{pmatrix} 0 & 1 \\ -\dfrac{k}{m} & -\dfrac{b}{m} \end{pmatrix} \begin{pmatrix} x_1 \\ x_2 \end{pmatrix} + \begin{pmatrix} 0 \\ \dfrac{1}{m} \end{pmatrix} u$$

La cual es una ecuación de estado de la forma: $\dfrac{dx(t)}{dt} = A\,x(t) + B\,u(t)$

La ecuación de salida es

$y(t) = x(t)$

En forma matricial es:

$$y = (1 \quad 0)\begin{pmatrix} x_1 \\ x_2 \end{pmatrix}$$

La cual es una ecuación de salida de la forma: $y(t) = C\,x(t) + D\,u(t)$

La función de transferencia está dada por:

$$G(s) = \frac{Y(s)}{X(s)} = C\,(s\,I - A)^{-1}B + D$$

Sustituyendo las matrices tenemos:

$$G(s) = (1 \quad 0)\left(s\begin{pmatrix} 1 & 0 \\ 0 & 1 \end{pmatrix} - \begin{pmatrix} 0 & 1 \\ -\dfrac{k}{m} & -\dfrac{b}{m} \end{pmatrix} \right)^{-1}\begin{pmatrix} 0 \\ \dfrac{1}{m} \end{pmatrix} + 0$$

$$G(s) = (1 \quad 0)\left(\begin{pmatrix} s & 0 \\ 0 & s \end{pmatrix} - \begin{pmatrix} 0 & 1 \\ -\dfrac{k}{m} & -\dfrac{b}{m} \end{pmatrix} \right)^{-1}\begin{pmatrix} 0 \\ \dfrac{1}{m} \end{pmatrix}$$

$$G(s) = (1 \quad 0)\begin{pmatrix} s & -1 \\ \dfrac{k}{m} & s+\dfrac{b}{m} \end{pmatrix}^{-1}\begin{pmatrix} 0 \\ \dfrac{1}{m} \end{pmatrix}$$

$$G(s) = (1 \quad 0)\left[\frac{1}{s^2 + \dfrac{b}{m}s + \dfrac{k}{m}}\begin{pmatrix} s+\dfrac{b}{m} & 1 \\ -\dfrac{k}{m} & s \end{pmatrix}\right]\begin{pmatrix} 0 \\ \dfrac{1}{m} \end{pmatrix}$$

$$G(s) = \frac{1}{m\,s^2 + bs + k}$$

4.10 ECUACIÓN DE ESTADO PARA SISTEMAS DISCRETOS

La representación en espacios de estado de sistemas discretos se puede encontrar de forma similar a la realizada en sistemas continuos. Para sistemas de tipo discreto se tiene que:

La ecuación de estado se puede escribir como:

$x(k+1) = f(x(k), u(k), k)$

La ecuación de salida es:

$$y(k) = g\,(x(k), u(k), k)$$

Para un sistema discreto lineal e invertible en el tiempo, la ecuación de estado y la ecuación de salida se escribe como:

Ecuación de estado.

$$x(k+1) = G\,x(k) + H\,u(k)$$

Ecuación de salida.

$$y(k) = C\,x(k) + D\,u(k)$$

En donde:

G: es la matriz de estado

H: es la matriz de entrada

C: es la matriz de salida

D: es la matriz de transmitancia directa

4.11 REPRESENTACIÓN EN EL ESPACIO DE ESTADOS

Un sistema dinámico contiene una cantidad finita de elementos y parámetros concentrados que se describen mediante ecuaciones diferenciales, en las que el tiempo es la variable independiente. Si se usa una notación matricial, se puede expresar como una ecuación diferencial de n-ésimo orden mediante una ecuación diferencial matricial de primer orden. Si *n* son los elementos del vector en un conjunto de variables de estado, la ecuación diferencial matricial es una ecuación de estado. En esta sección se analizarán algunos métodos para obtener representaciones en el espacio de estados de sistemas en tiempo continuo.

En primer lugar, considere un sistema de n-ésimo orden en el cual la función de excitación no posee derivadas:

$$y^{(n)} + a_1\,y^{(n-1)} + \ldots + a_{n-1}\,y^{'} + a_n\,y = u$$

En donde se definen *n* variables de estado, de la siguiente forma:

$$\dot{x}_1 = x_2$$
$$\dot{x}_2 = x_3$$
$$\vdots$$
$$\dot{x}_{n-1} = x_n$$
$$\dot{x}_n = u - (a_1\,x_n + \ldots + a_{n-1}x_2 + a_n\,x_1)$$

Que es:

$$\frac{dx(t)}{dt} = A\,x(t) + B\,u(t)$$

Dónde:

$$x = \begin{pmatrix} x_1 \\ x_2 \\ \vdots \\ x_{n-1} \\ x_n \end{pmatrix} \qquad A = \begin{pmatrix} 0 & 1 & 0 & \cdots & 0 \\ 0 & 0 & 1 & \cdots & 0 \\ \vdots & \vdots & \vdots & \vdots & \vdots \\ 0 & 0 & 0 & 0 & 1 \\ -a_n & -a_{n-1} & -a_{n-2} & \cdots & -a_1 \end{pmatrix} \qquad B = \begin{pmatrix} 0 \\ 0 \\ \vdots \\ 0 \\ 1 \end{pmatrix}$$

Y la salida se obtiene mediante:

$$y = C\,x = (1 \quad 0 \quad 0 \quad 0 \quad 0) \begin{pmatrix} x_1 \\ x_2 \\ \vdots \\ x_{n-1} \\ x_n \end{pmatrix}$$

Ejemplo 39. Obtenga la representación en espacio de estado del sistema descrito mediante la siguiente ecuación diferencial:
$$y''' + 3y'' + 2y' = u$$

Solución:

Para obtener la representación en el espacio de estado del sistema, primero se definen las variables de estado:

$x_1 = y$
$x_2 = y'$
$x_3 = y''$

Derivando estas expresiones se obtiene:

$\dot{x}_1 = y' = x_2$
$\dot{x}_2 = y'' = x_3$
$\dot{x}_3 = y''' = -3y'' - 2y' + u = -3x_3 - 2x_2 + u$

Ordenando el sistema se tiene

$\dot{x}_1 = \qquad x_2$
$\dot{x}_2 = \qquad\qquad x_3$
$\dot{x}_3 = \qquad -2x_2 - 3x_3 + u$

Representándolo matricialmente es:

$$\begin{pmatrix} \dot{x}_1 \\ \dot{x}_2 \\ \dot{x}_3 \end{pmatrix} = \begin{pmatrix} 0 & 1 & 0 \\ 0 & 0 & 1 \\ 0 & -2 & -3 \end{pmatrix} \begin{pmatrix} x_1 \\ x_2 \\ x_3 \end{pmatrix} + \begin{pmatrix} 0 \\ 0 \\ 1 \end{pmatrix} u$$

La salida estará dada por:

$$y = (1 \quad 0 \quad 0) \begin{pmatrix} x_1 \\ x_2 \\ x_3 \end{pmatrix} + (0)\,u$$

1) La evolución de dos especies que comparten un mismo territorio viene dada por el sistema de ecuaciones en diferencias.

$$x_{t+1} = 2\,x_t - 3y_t$$

$$y_{t+1} = x_t - 2y_t$$

Donde x_t, y_t representan al número de animales de la primera y segunda especie en el año t ¿Cuál es el comportamiento a largo plazo de estas poblaciones?

2) Encontrar la solución del sistema

$x_{t+1} = 5\,x_t - 2y_t$

$y_{t+1} = 3\,x_t + 2y_t$

Con $\begin{pmatrix} x_o \\ y_o \end{pmatrix} = \begin{pmatrix} 1 \\ 3 \end{pmatrix}$

3) Encontrar la solución del sistema

$x_{t+1} = 9\,x_t + 4y_t$

$y_{t+1} = -5\,x_t + 6y_t$

Con $\begin{pmatrix} x_o \\ y_o \end{pmatrix} = \begin{pmatrix} -1 \\ 2 \end{pmatrix}$

4) Encontrar la solución del sistema

$x_{t+1} = -7\,x_t + 4y_t + 3$

$y_{t+1} = 8\,x_t + 5y_t + 2$

Con $\begin{pmatrix} x_o \\ y_o \end{pmatrix} = \begin{pmatrix} 2 \\ 3 \end{pmatrix}$

Encontrar la solución general de cada uno de los sistemas de EDO

5) $\begin{cases} \dot{x} = 2x - y \\ \dot{y} = 5x + y \end{cases}$

6) $\begin{cases} \dot{x} + 2y = 2x + y \\ 4x + \dot{y} = -5x - y \end{cases}$

7) $\begin{cases} 3\dot{x} - 2y = x + 2y + 5\dot{x} \\ 7x - 6\dot{y} = 3x - 7y - 2\dot{y} \end{cases}$

8) $\begin{cases} \dot{x} = 3x - 2y + z \\ \dot{y} = -x + 4y - z \\ \dot{z} = 4y - z \end{cases}$

9) $\begin{cases} \dot{x} = -5x + 3y - z \\ \dot{y} = 3x + 2y + z \\ \dot{z} = x + 4y - 2z \end{cases}$

10) $\begin{cases} y - 2\dot{x} = -5x + 3y - z + 6\dot{x} \\ 3\dot{y} - 3y = 3x + 2y + 7\dot{y} \\ \dot{z} = x + 3y - 2z \end{cases}$

11) Dado tres tanques cuyos volúmenes están dados por $V_1 = 30$, $V_2 = 45$, $V_3 = 60$, $r = 15$ galones/minuto y las cantidades iniciales de sal en los tres tanques de salmuera en libras son:

$$x_1(0) = 20, \, x_2(0) = 10 \text{ y } x_3(0) = 5$$

Hallar la cantidad de sal presente en cada uno de los tanques en cualquier instante de tiempo.

Solución:

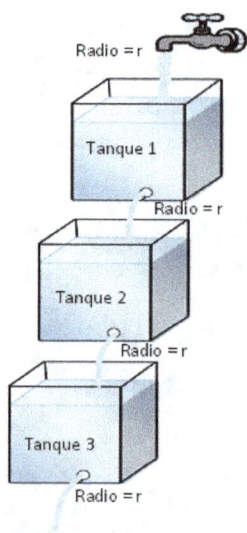

BIBLIOGRAFÍA

[1] E. Sánchez, M. G. J. Sánchez y J. Gutiérrez, Sistemas Dinámicos: Una Introducción A Través De Ejercicios, Madrid: Universidad Politécnica de Madrid, 2014.

[2] L. Perke, Differential Equations And Dynamical Systems, USA: Springer, 2001.

[3] D. Zill, Ecuaciones Diferenciales Con Problemas Con Valores en la Frontera, México: CENGAGE Learning, 2014.

[4] E. Saff, . Snider y . Nagle, Ecuaciones diferenciales y problemas con valores en la frontera, España: Pearson Educación, 2005.

[5] MathWorks, «MATLAB,» [En línea]. Available: https://matlab.mathworks.com/. [Último acceso: 12 02 2023].

[6] S. Domino y R. Domino, Ingeniería De Control Moderna, España: Prentice Hall, 2003.

[7] C. Edwards y D. Penney, Ecuaciones diferenciales y problemas con valores en la frontera, España: Pearson Educación, 2009.

[8] L. Alves, Sistemas Dinámicos, Sao Paulo: Livraria da Física, 2006.

[9] E. G. Gonzalo, Introducción Al Análisis De Sistemas Dinámicos, Santiago, Chile: Universidad Católica De Chile, 2013.